清华

开发者书库

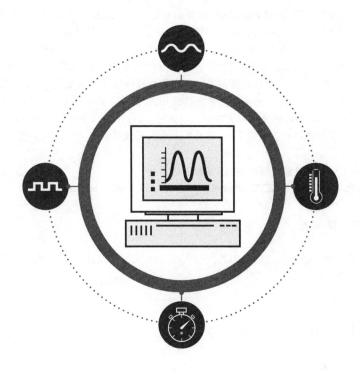

LabVIEW Case in Action

LabVIEW
案例实战

陈勇将　高明泽◎编著
Chen YongJiang　Gao MingZe

U0378191

清华大学出版社
北京

内 容 简 介

本书从工程实际应用出发,强调 LabVIEW 软件的实际操作和机械工程测试领域问题的分析与解决,教会读者如何基于 LabVIEW 软件的范例进行修改,从而寻求问题的最佳解决方案。全书分为 3 篇:第 1 篇为 LabVIEW 编程入门实例(第 1 章和第 2 章),介绍 LabVIEW 的基本工具和核心概念;第 2 篇为机械工程领域常见物理量测量模块的程序编制实例(第 3~6 章),以滚珠丝杠副为对象,给出了温度测量模块、输入扭矩测量模块、振动测量模块及定位精度测量与分析模块程序的详细编制过程;第 3 篇基于滚珠丝杠副综合性能实验平台,给出第 2 篇编制的测量模块具体应用方法(第 7 章和第 8 章)。

本书既可作为 LabVIEW 数据采集初学者的入门教材,也可作为高等院校测试技术、虚拟仪器技术、自动控制等相关课程的实训教材和教学参考书,还可作为相关工程技术人员的技术手册。

图书在版编目(CIP)数据

LabVIEW 案例实战/陈勇将,高明泽编著.—北京:清华大学出版社,2019(2022.7重印)
(清华开发者书库)
ISBN 978-7-302-52633-9

Ⅰ.①L⋯ Ⅱ.①陈⋯ ②高⋯ Ⅲ.①软件工具—程序设计 Ⅳ.①TP311.56

中国版本图书馆 CIP 数据核字(2019)第 046908 号

责任编辑:盛东亮
封面设计:李召霞
责任校对:白 蕾
责任印制:杨 艳

出版发行:清华大学出版社
  网 址:http://www.tup.com.cn,http://www.wqbook.com
  地 址:北京清华大学学研大厦 A 座   邮 编:100084
  社 总 机:010-83470000   邮 购:010-62786544
  投稿与读者服务:010-62776969,c-service@tup.tsinghua.edu.cn
  质量反馈:010-62772015,zhiliang@tup.tsinghua.edu.cn
  课件下载:http://www.tup.com.cn,010-83470236
印 装 者:三河市龙大印装有限公司
经 销:全国新华书店
开 本:186mm×240mm 印 张:20.25   字 数:447 千字
版 次:2019 年 7 月第 1 版   印 次:2022 年 7 月第 3 次印刷
定 价:79.00 元

产品编号:078157-01

前 言
PREFACE

    LabVIEW 是专为测试、测量和控制应用而设计的系统工程软件,它提供了一种图形化编程方法,可帮助读者对应用程序的各个方面进行可视化,包括硬件配置、数据测量与分析。本书基于滚珠丝杠副综合性能测量的工程实例,详细介绍了使用 LabVIEW 编制滚珠丝杠副综合性能测量系统的步骤,此系统包括温度测量模块、输入扭矩测量模块、振动测量模块和定位精度测量与分析模块。

    滚珠丝杠副的温升直接引起其部件温度位移的变化,其温度测量需要测量两端轴承、工作台和丝杠的温度,丝杠温度的测量需要考虑在工作状态下,丝杠一直在做旋转运动。第 3 章给出滚珠丝杠副温度测量模块程序编制的详细步骤。

    滚珠丝杠副输入扭矩即是与丝杠连接的伺服电机输出的扭矩,此扭矩数值是用来计算滚珠丝杠副传递效率的重要参数之一。滚珠丝杠副输入扭矩的测量需要考虑电压与扭矩的转换关系。第 4 章给出滚珠丝杠副输入扭矩测量模块程序编制的详细步骤。

    伴随高速化的发展,滚珠丝杠副的振动问题越加突出。滚珠丝杠副的振动不仅产生污染环境的噪声,还会直接影响滚珠丝杠副进给系统的跟踪精度。滚珠丝杠副的振动通常采用加速度传感器进行测量,第 5 章给出滚珠丝杠副振动测量模块程序编制的详细步骤。

    滚珠丝杠副的定位精度是螺母在数控系统控制下运动所能达到的位置精度,即螺母在按照数控指令完成运动后实际位置与目标位置的差值。滚珠丝杠副的定位精度直接影响了机床加工工件的表面质量和精度。第 6 章给出滚珠丝杠副定位精度测量与分析模块程序编制的详细步骤。

    最后给出滚珠丝杠副综合性能测量与分析界面程序编制的详细步骤,并基于滚珠丝杠副综合性能实验平台,使用已编制的滚珠丝杠副综合性能测量与分析系统,对轴承端、工作台及丝杠的温度、伺服电机的输出扭矩、工作台的振动与实验台的定位精度进行测量与分析。

    本书主要由陈勇将编写。此外,美国国家仪器有限公司(NI)院校计划部大区经理高明泽也参与了部分内容的编写。本书的出版得到了 2017 年教育部第一批产学合作协同育人项目(项目编号 201701009009)的支持。感谢清华大学出版社的编辑给我们的写作提出了宝贵的意见。由于时间仓促,书中难免存在不妥之处,敬请读者谅解并提出宝贵意见。

    感谢丁海毅和刘祥在格式修改上提供的帮助。

陈勇将

2019 年 2 月

目 录
CONTENTS

第 3 篇 基于滚珠丝杠副综合性能实验平台

第1篇　LabVIEW编程入门实例

第 1 章

温度报警系统

温度报警系统程序编制实例为入门实例。在使用 LabVIEW 编制数据采集应用程序之前,通过此入门实例的学习,可以了解 LabVIEW 的基本工具和核心概念,以便更好地使用 LabVIEW 开发环境。此入门实例使用随机数来模拟温度值的产生,通过条件结构判断温度值是否超出设定值。

1.1　温度报警系统程序编制说明

1. 温度报警系统前面板

温度报警系统前面板相当于一个窗口,用户通过它与程序交互。前面板由输入控件和显示控件组成:输入控件可让用户输入数值或对某一状态进行调节与控制,如开关和旋钮;显示控件则是输出用户所需要的信息,如数值显示控件。

本实例的前面板界面如图 1-1 所示。左边为波形图表,用于显示温度变化曲线。右边依次为“圆形指示灯”(温度报警器)、“温度计”和“停止采集”的布尔控件。圆形指示灯表示一个预警信号,当温度超过某个预设的温度值时,该指示灯变亮或变成指定的颜色,温度计则能直观地显示当前温度的值;“停止采集”的布尔控件则可以随时停止温度采集任务。

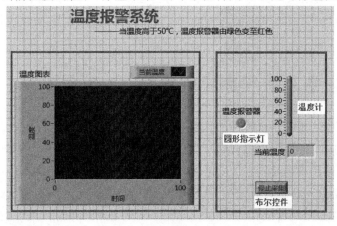

图 1-1　温度报警系统前面板

2. 温度报警系统程序框图

温度报警系统程序框图用于程序的构建,通过在框图上放置函数、子 VI(类似于常规编程语言中的子函数)和结构来创建具体的程序。本实例的程序框图如图 1-2 所示,包含以下内容。

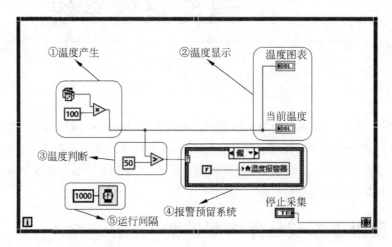

① 温度产生　　②温度显示　　温度图表　　当前温度　　③温度判断　　④报警预留系统　　停止采集　　⑤运行间隔

图 1-2　温度报警系统程序框图

① 温度产生程序。温度值由一个随机数产生,同时与 100 相乘,将模拟电信号数据变成模拟温度数据,就能产生 0～100℃的温度范围。

② 温度显示程序。温度显示用波形图表和温度计控件表示,通过波形图表、温度计两种显示方式显示当前温度值。

③ 温度判断程序。使用一个 ▷"大于?"函数判断产生的温度是否大于 50℃。

④ 报警预留程序。报警预留系统以圆形指示灯为一个预警信号,采用条件结构判断温度判断程序所产生的结果是否为真。当结果为真时,该指示灯变成红色。

⑤ 运行间隔程序。采用值为 1000ms 的"等待"函数,使程序每两次运行的时间间隔为 1s。

1.2　温度报警系统程序编制步骤

在程序框图编制与前面板制作前需要先新建 VI,具体步骤如下。

(1) 双击 LabVIEW 图标 ，启动 LabVIEW 2014,选择"文件"→"新建 VI"命令,如图 1-3 所示,随即弹出如图 1-4 所示的 LabVIEW 前面板和程序框图界面。

(2) 前面板会有网格线,用于保持前面板对象的整齐排列。如果不需要网格线,则可通过选择"工具"→"选项"命令打开"选项"对话框,进入"前面板网格"组,选择显示或隐藏网格线。

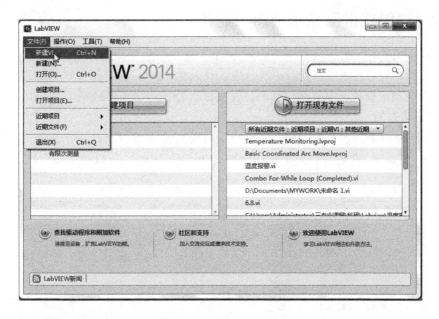

图 1-3 LabVIEW 启动界面

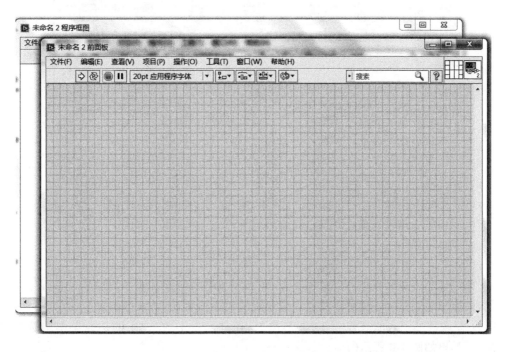

图 1-4 LabVIEW 前面板和程序框图界面

1.2.1 温度报警系统前面板制作

可以在 LabVIEW 前面板窗口中通过放置不同外观和功能的控件来创建用户操作界面。在 LabVIEW 前面板空白处右击即可进入浮动的"控件"选项面板,"控件"选项面板每个图标代表一类子模板。本实例用到的控件图标有"图形""数值"和"布尔"。

1. 创建波形图

(1) 选取波形图。在 LabVIEW 前面板空白处右击进入"控件"选项面板,如图 1-5 所示,选择"图形"图标,进入"图形"子选项面板。为了便于操作,可以把 LabVIEW 前面板窗口最大化。

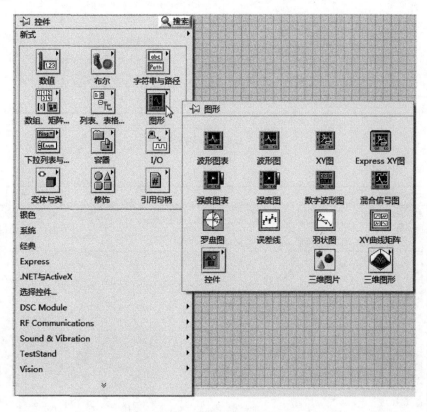

图 1-5 "控件"选项面板

在"图形"子选项面板中,选择"波形图表"控件并将其移至前面板,此时,光标显示为"抓取"状态,如图 1-6 所示。在前面板适当位置再次单击便可显示"波形图表",如图 1-7 所示。

(2) 修改波形图表的属性。在"波形图表"控件上右击,在弹出的快捷菜单中选择"属性"命令,弹出如图 1-8 所示的对话框。

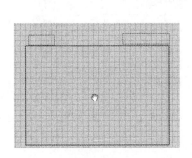

图 1-6 光标的"抓取"状态

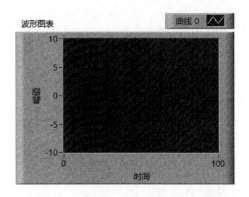

图 1-7 波形图表

图 1-8 "图表属性：波形图表"对话框

将该对话框中的"外观"选项卡下的"标签"组的"波形图表"改为"温度图表"，如图 1-9 所示；将"曲线"选项卡下的"名称"组内的"曲线 0"改为"当前温度"，如图 1-10 所示；将"标尺"选项卡下的 Y 轴"名称"下"幅值"改为"温度"，如图 1-11 和图 1-12 所示，修改后的图表如图 1-13 所示。

（3）修改波形图表 Y 轴坐标范围。在 LabVIEW 前面板界面的菜单栏中选择"查看"→"工具"命令，然后单击 Ⓐ "文本编辑"图标，单击 Y 轴坐标值，将 10 改成 100。同样地，将 −10 改为 0。注意最后需要单击"工具"选项面板顶部的"自动选择工具"按钮 ▨ ，取消"文本编辑"状态，恢复"选择"状态。

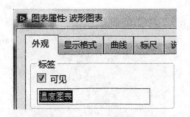

图 1-9   "外观"选项卡

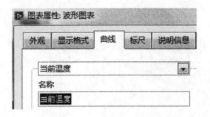

图 1-10   "曲线"选项卡

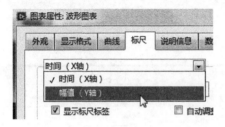

图 1-11   "标尺"选项卡(X、Y 轴)

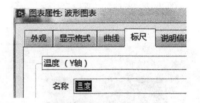

图 1-12   "标尺"选项卡(名称)

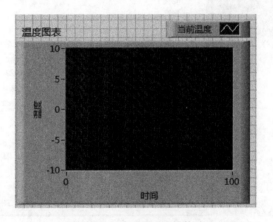

图 1-13   "波形图表"的修改

(4) 修改波形图的颜色。为使产生的波形图更加醒目,可以在"当前温度"右边的曲线框 当前温度 处右击,在弹出的快捷菜单中选择"颜色"命令,以修改其颜色,这里以红色为例,如图 1-14 所示。

2. 创建"温度计"控件

(1) 选取"温度计"控件。右击"控件"选项面板,在"新式"组下选择"数值"图标,在打开的子选项面板中选择 "温度计"控件并将其拖至前面板适当位置,在"温度计"的标签处双击并修改为"当前温度",如图 1-15 所示。

(2) 修改"温度计"的属性。在"温度计"控件上右击,在弹出的快捷菜单中选择"显示

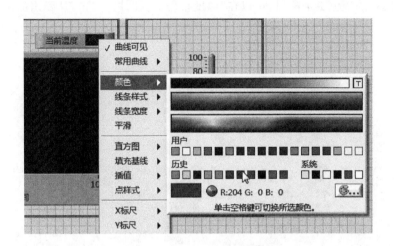

图 1-14　波形图颜色的修改

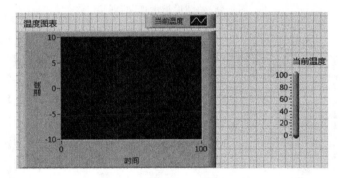

图 1-15　"温度计"的选取

项"→"数字显示"命令,结果如图 1-16 所示。为了使其更整齐美观,可用鼠标框选标签和控件,再通过拖动调整其位置,如图 1-17 所示。

图 1-16　调整前位置

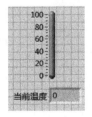

图 1-17　调整后位置

3. 创建一个圆形指示灯

在 LabVIEW 前面板空白处右击进入"控件"选项面板,选择"新式"组下"布尔"图标,在"布尔"子选项面板选择"圆形指示灯",并将其标签改为"温度报警器",如图 1-18 所示。为使"温度报警器"的颜色更加醒目,可以在"温度报警器"控件上右击,从弹出的快捷菜单中选择"属性"命令,显示如图 1-19 所示的对话框,然后在该对话框"外观"选项卡的"颜色"组中进行设置。

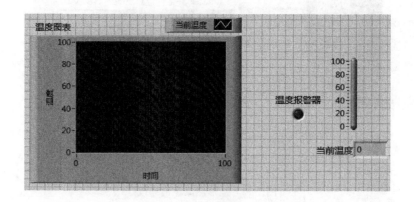

图 1-18 "圆形指示灯"的创建

图 1-19 "布尔类的属性:温度报警器"对话框

4. 创建停止按钮

在 LabVIEW 前面板空白处右击进入"控件"选项面板,选择"新式"组下"布尔",再选择"停止按钮",并将该控件上的布尔标签"停止"改为"停止采集",同样单击布尔标签即可修改;然后右击控件,从弹出的快捷菜单中选择"显示项"命令,取消"标签"选项隐藏标签。结果如图 1-20 所示。

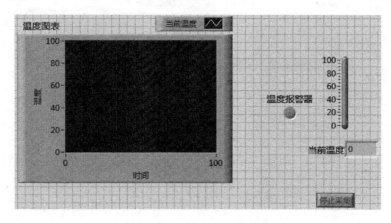

图 1-20　创建"停止采集"按钮

5. 前面板的美化

在"控件"选项面板选择"新式"组下的"修饰"图标,在"修饰"子选项目标中选择"平面框"作为外边框,如图 1-21 所示。

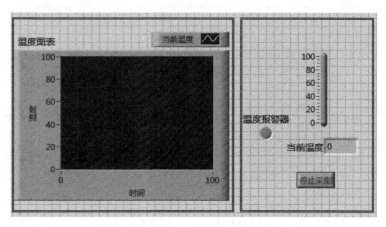

图 1-21　前面板美化

6. 在前面板添加必要的说明性文字

在 LabVIEW 前面板的空白处双击,输入"温度报警系统——当温度高于 50℃,温度报警器由绿色变至红色"字样,再对字体进行参数设置,更改字体的大小和颜色,如图 1-22 所示。调整后的前面板如图 1-23 所示。到此,前面板的制作已经完成。

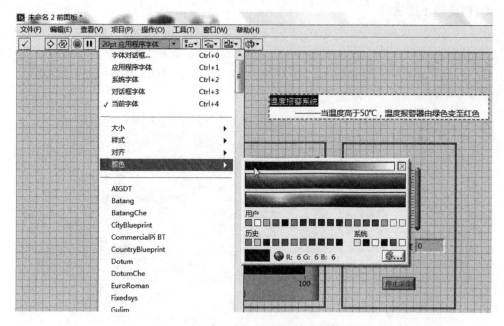

图 1-22　添加文字

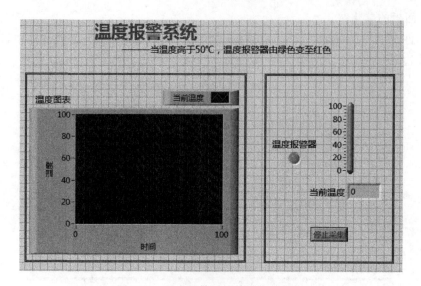

图 1-23　温度报警系统前面板的制作

1.2.2　温度报警系统程序框图编制

温度报警系统程序框图完成后如图 1-24 所示。

程序框图由不同图形化代码创建,这些图形化代码都可以在开发环境所提供的"函数"选项面板上找到。本实例用到的函数有"结构""数值"和"定时",在程序框图界面空白处右

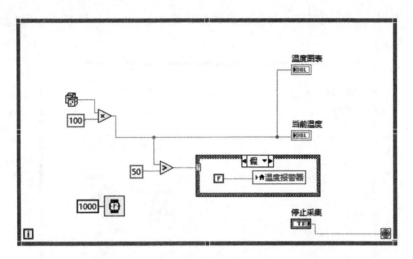

图 1-24 温度报警系统程序框图

击会出现"函数"选项面板,该选项面板包含了编程所需的函数。使用组合键 Ctrl+E,由前面板切换至程序框图界面,如图 1-25 所示。

图 1-25 切换至程序框图

1. 创建一个"While 循环"

在程序框图界面空白处右击,进入浮动的"函数"选项面板,选择"编程/结构"选项面板中的"While 循环"函数,此循环可保证模拟数据连续产生,如图 1-26 所示,可根据需要放大或缩小循环框。

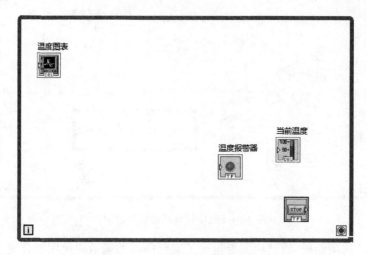

图 1-26 创建"While 循环"函数

注意:① LabVIEW 的对齐和分布功能 能够均匀地排列对象,如图 1-27 所示,使得 VI 看起来更加整齐,但有时在使用这些功能时会导致所有的对象都叠在一起。例如,有 3 个控件处于一排,左对齐后这 3 个控件就会在左边缘处堆积在一起,此时,可使用组合键 Ctrl+Z 撤销操作。

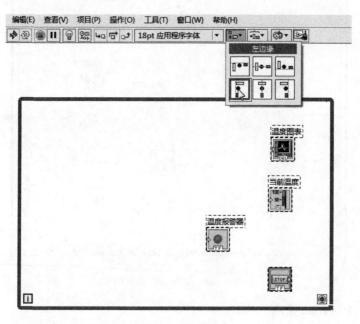

图 1-27 排布控件

② 为使程序整体更清楚明了,在控件上右击,在弹出的快捷菜单中将"显示为图标"命令前的"√"取消,则控件将不以图片形式显示,如图 1-28 所示。

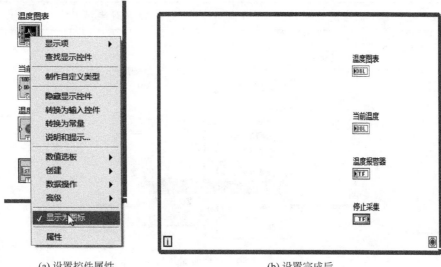

(a) 设置控件属性   (b) 设置完成后

图 1-28 设置控件属性及结果

2. 连接及常量的创建

在程序框图界面空白处右击,选择"编程/数值"选项面板中的 🎲 "随机数 0-1"和 ▷ "乘"函数并将其拖至程序框图适当位置。然后按住 Shift 键并右击调出"工具"选项面板,选择 ◈ 连线工具,按照图 1-29 所示连线。"工具"选项面板提供了各种用于创建、修改和调试 VI 程序的工具。

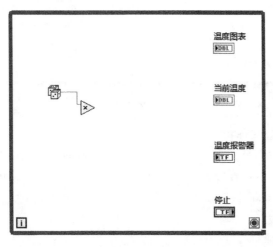

图 1-29 连接函数

然后在"乘"函数上右击,在弹出的快捷菜单中选择"创建"→"常量"命令,如图 1-30 所示,并给其赋值 100,然后按照图 1-31 所示连接。

注意:若正处于连线状态发现错误,则可右击删除连线,然后重新连接。

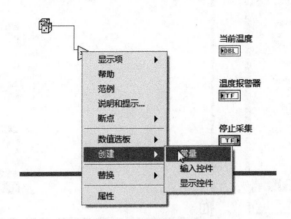

图 1-30　创建常量

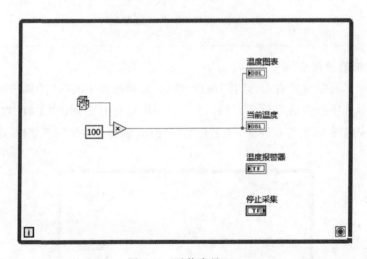

图 1-31　赋值常量 100

3. 比较结构的创建与连接

在程序框图界面空白处右击,选择"编程/比较"选项面板中的 ▷"大于?"函数并将其拖至程序框图合适位置。然后在"大于"函数上右击,从弹出的快捷菜单中选择"创建"→"常量"命令,并给其赋值 50,再按照图 1-32 所示连接。当产生的数值大于 50 时,"大于?"的输出值为"真",否则为"假"。

4. 条件结构的创建

温度报警系统以圆形指示灯表示一个预警信号,温度超过 50℃时,该警示灯变成红色。

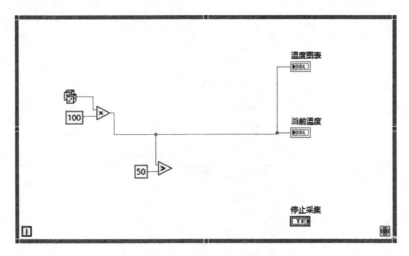

图 1-32　创建"比较结构"

这里使用"条件结构"来判断之前"大于?"函数的输出值是否为"真",即温度是否大于50℃。在程序框图界面空白处右击,选择"编程/结构"选项面板中的"条件结构"函数,如图1-33所示,将"大于?"函数的右端(输出端)与"条件结构"的"分支选择器"相连,把"大于?"函数的输出结果输入条件结构。

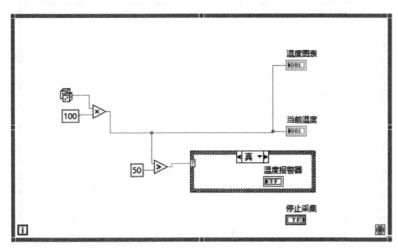

图 1-33　创建"条件结构"

"条件结构"有一真一假两个分支,本例中采用默认设置即可进行判断。

(1) 右击"温度报警器"控件,在弹出的快捷菜单中选择"布尔选板"→"真常量"命令,使用"真常量"是为了当温度大于50℃时使程序实现温度报警的作用,如图1-34所示。

(2) 右击"温度报警器",在弹出的快捷菜单中选择"创建"→"局部变量"命令,可先将其放在循环框外,然后再转至"假"分支,将其放入条件结构框中,如图1-35所示。右击"温度

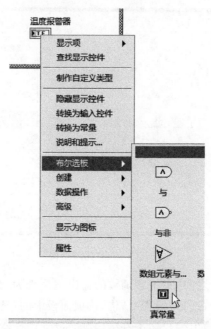

(a) 创建"真常量"函数

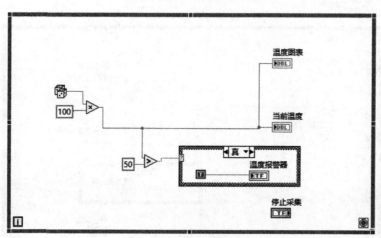

(b) 添加完成后的程序框图

图 1-34　添加"真常量"

报警器",在弹出的快捷菜单中选择"布尔选板"→"假常量"命令,运用"假常量"是当温度小于或等于 50℃时使程序不实现温度报警的作用,如图 1-36 所示。

注意:"局部变量"是"温度报警器"控件数据的一个副本,可直接向该控件写入数据,省去了连线的麻烦,直接实现数据的传递。

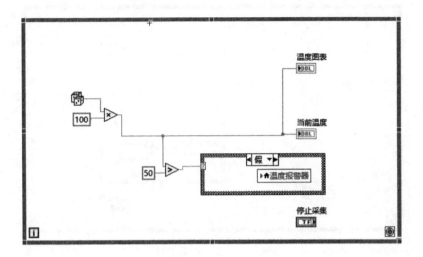

图 1-35 创建"局部变量"

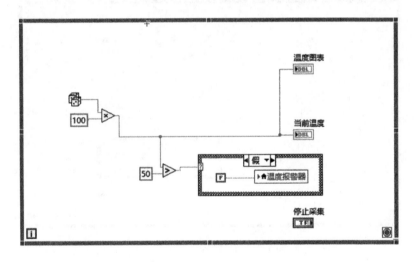

图 1-36 创建"假常量"

5. 设置定时装置

在程序框图界面空白处右击并选择"编程/定时"选项面板中的"等待"函数,将其拖至"While 循环"内,右击"等待"函数,在弹出的快捷菜单中选择"创建"→"常量"命令,并给其赋值 1000(单位为毫秒),如图 1-37 所示。

6. 设置停止按钮

将"停止采集"与"While 循环"的条件端子相连。到此,程序框图已经完成,如图 1-38所示。

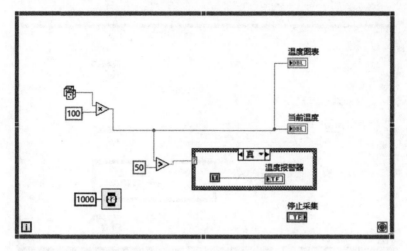

图 1-37　设置定时装置

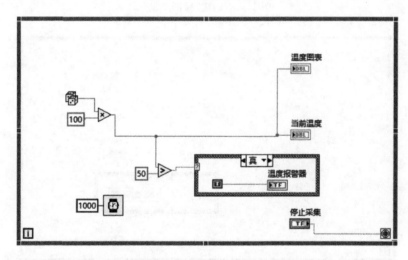

图 1-38　设置"停止采集"按钮

1.2.3　温度报警系统调试、运行和保存

1. 调试 VI

在 LabVIEW 的程序代码编写完成之后,如发现程序中有错误,则需要进行调试并找出错误所在。LabVIEW 提供了设置断点调试和设置探针等工具,这些手段可以辅助用户进行程序的调试,发现并改正错误。

1) 找出语法错误

LabVIEW 程序必须在没有语法错误的情况下才能运行,LabVIEW 能够自动识别程序中存在的语法错误。假设本实例程序框图中"While 循环"函数接线端未连线,如图 1-39 所示,则面板工具条上的"运行"按钮将会变成一个折断的箭头 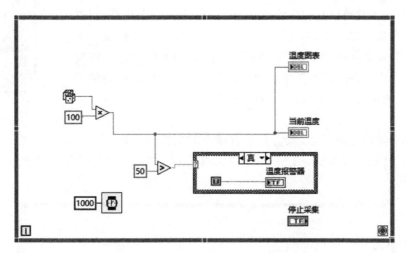,表示程序存在错误不能被执行。

图 1-39　程序框图中"While 循环"接线端未连线

单击"运行" 按钮,会弹出错误列表,如图 1-40 所示。单击错误列表中的某一错误,列表中的"详细信息"栏中会显示有关此错误的详细说明,帮助用户更改错误。选中"显示警告"复选框,可以显示程序中的所有警告。另外,当使用 LabVIEW 的错误列表功能时,有一个非常重要的技巧,就是当双击错误列表中的某一错误时,LabVIEW 会自动定位到发生该错误的对象上,并高亮显示该对象,这样便于用户查找错误,并更正错误。

图 1-40　错误列表

2）设置断点调试

当不清楚程序中哪里出现错误时,设置断点是一种排除错误的手段,使用断点工具可以在程序的某一地点暂时中止程序执行,用单步方式查看数据。在 LabVIEW 中,从"工具"选项面板选取断点工具,如图 1-41 所示,在想要设置断点的位置单击,便可以在那个位置设置一个断点。另外一种设置断点的方法是在需要设置断点的位置右击,从弹出的快捷菜单中选择"设置断点"选项,即可在该位置设置一个断点。

图 1-41　选取断点工具

如果想清除设定的断点,只需在设置断点的位置单击即可。设置断点后的程序框图如图 1-42 所示,断点的显示对于节点或者图框表示为红框,对于连线表示为红点。

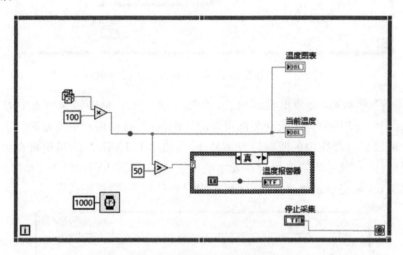

图 1-42　设置断点后的程序框图

运行程序时,会发现程序每当运行到断点位置时会停下来,并高亮显示数据流到达的位置,这样每个循环程序会停下来两次,用户可以在这时查看程序的运算是否正常,数据显示是否正确。

程序停止在断点位置时的程序框图如图 1-43 所示。从图中可以看出,程序停止在断点位置,并高亮显示数据流到达的对象。单击"单步执行"按钮,闪烁的节点被执行,下一个将要执行的节点变为闪烁,指示它将被执行。也可以单击"暂停"按钮,这样程序将连续执行直到下一个断点。当程序检查无误后,用户可以在断点上单击以清除断点。

3）设置探针调试

在有些情况下,仅仅依靠设置断点还不能满足调试程序的需要,探针便是一种很好的辅助手段,可以在任何时刻看任何一条连线上的数据。在 LabVIEW 中,设置探针的方法是用"工具"选项面板中的探针数据工具,如图 1-44 所示,单击程序框图中的连线,这样可以在该连线上设置探针以侦测这条连线上的数据,同时在程序上将浮动显示探针数据窗口。若要取消探针,只需关闭浮动的探针数据窗口即可。设置好探针的程序框图如图 1-45 所示。

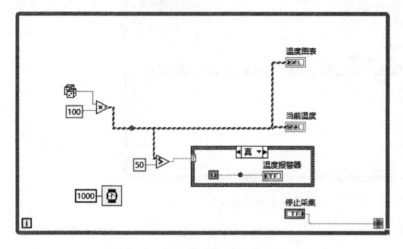

图 1-43　运行带有断点的程序框图

图 1-44　选取探针
数据工具

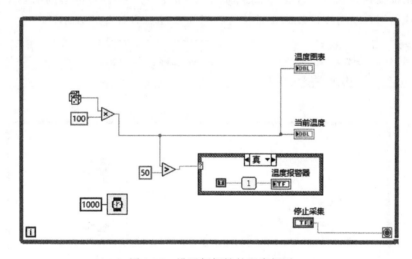

图 1-45　设置好探针的程序框图

运行程序,在探针监视窗口(见图 1-46)中将显示出设置探针处的数据。利用探针可以检测数据的功能,可以了解程序运行过程中任何位置上的数据,即可知道数据流在空间的分布。利用上面介绍的断点,可以将程序中止在任意位置,即可知道数据在任何时间的分布。综合使用探针和断点,就可以知道程序在任何空间和时间的数据分布。这一点对于LabVIEW 程序的调试非常重要。

4)高亮显示程序的运行

有时需要跟踪框图中的数据流情况,目的是了解数据在框图中是如何流动的。在LabVIEW 中,可以利用加亮执行来实现这一功能,只需单击工具栏上的"加亮执行"按钮

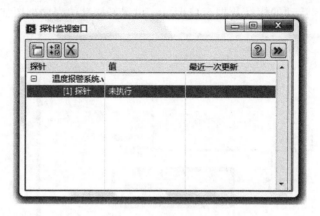

图 1-46   探针监视窗口

即可,程序将会以高亮显示方式运行,这时该按钮变为 💡,如同一盏被点亮的灯泡。当数据流从一个节点流向另一个节点时,使用"气泡"来标记沿着连线运动的数据。应该注意的是,当使用加亮执行调试特性时,大大降低了 VI 的性能——执行的时间明显增加。重新单击"加亮执行"按钮,可以恢复到正常执行状态。该过程如图 1-47 所示。

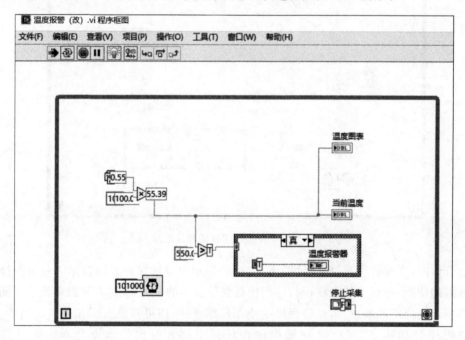

图 1-47   高亮显示过程

5)单步执行和循环运行

单步执行和循环运行是 LabVIEW 支持的两种程序运行方式,这两种运行方式主要用于程序的调试和纠错,是除了设置断点和探针两种方法外,另外一种行之有效的程序调试和纠错机制。

在单步执行方式下,用户可以看到程序执行的每一个细节。单步执行的控制由工具栏上的三个按钮"开始单步入执行" ⤵、"开始单步跳执行" ↷ 和"单步步出" ↶ 完成。这三个按钮表示三种不同类型的单步执行方式: ⤵ 表示单步进入程序流程,并在下一个数据节点前停下来; ↷ 表示单步进入程序流程,并在下一个数据节点执行后停下来; ↶ 表示停止单步执行方式,即在执行完当前节点的内容后立即暂停。

下面仍然结合此例程介绍单步运行调试程序的方法。单击"开始单步入执行"按钮,程序开始以单步方式执行,程序每执行一步,便停下来并且高亮显示当前程序执行到的位置。每当程序完成当前循环,开始下一个循环时,会显示一个箭头,以指示循环执行的方向。在LabVIEW中支持循环运行方式,LabVIEW中的循环运行按钮为循环运行方式,是指当程序中的数据流流经最后一个对象时,程序会自动重新运行,直到用户单击"停止"按钮为止。

2. 运行 VI

使用组合键 Ctrl+T 可以同时显示前面板与程序框图,单击"运行"按钮 ⇨ 运行程序,或者使用组合键 Ctrl+R 运行程序组合键。程序运行过程如图 1-48 所示。

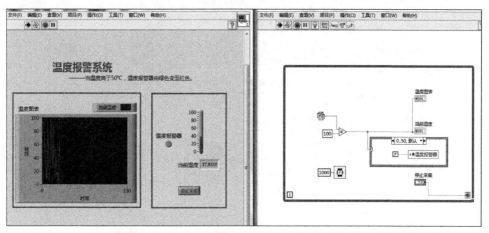

(a) 程序运行中的前面板　　　　　　　　　　(b) 程序运行中的程序框图面板

图 1-48　程序运行过程

3. 保存 VI

(1) 在 LabVIEW 前面板界面的菜单栏中选择"文件"→"保存"命令,或者使用组合键 Ctrl+S,如图 1-49 所示。

(2) 为了将自己创建的 VI 都保存在同一个文档中,可以先建立一个文件名为 MYWORK 的文件夹。然后更改文件名为"温度报警系统.vi",如图 1-50 所示。单击"确定"按钮完成 VI 保存。

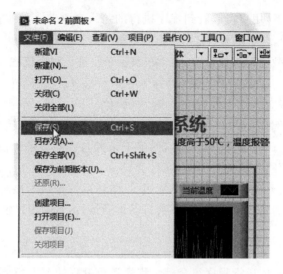

图 1-49　保存程序

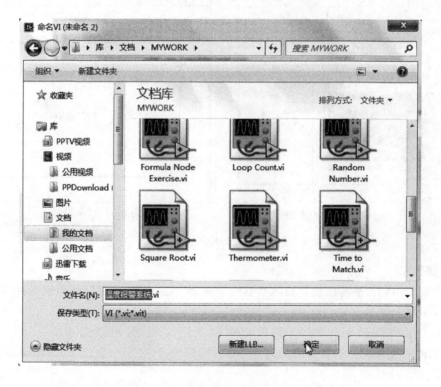

图 1-50　更改文件名

第2章

可乐自动贩售机

可乐自动贩售机程序编制实例为入门实例。此实例使用枚举控件来确定可乐自动贩售机的不同状态,不同状态下的具体操作由条件结构来决定,通过 While 循环和条件结构的联合使用实现各个状态之间的连续传递。

2.1 可乐自动贩售机程序编制说明

1. 可乐自动贩售机前面板

可乐自动贩售机的前面板如图 2-1 所示,包含上半部分不同分值的布尔控件,即"25 美分""10 美分"和"5 美分",用来模拟不同分值的输入;左下部分为分值显示区域,由"已投币"数值显示控件、"找零"字符串显示控件、"当前状态"自定义枚举控件、"退回已投"布尔控件构成,通过这些控件可以很清晰地看出已投币分值、找零分值和自动贩售机的当前状态;右下部分为可乐显示区域,若投币达到 50 美分,则会模拟售出可乐;同时,用户也可退回已投入自动贩售机中的钱币,即"退回已投"。

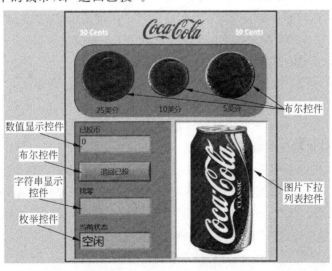

图 2-1　可乐自动贩售机前面板

图 2-2 所示为可乐自动贩售机的状态图。由此图可知可乐自动贩售机的工作流程：用户通过单击"25 美分"或"10 美分"或"5 美分"的布尔控件，模拟投入 25 美分、10 美分和 5 美分的钱币。若投入的总额大于或等于 50 美分（这里假定可乐出售价为 50 美分），则可乐自动贩售机会出货和找零。若不太清楚此流程，建议完成本实例后重新看此状态图，相信会有一番收获。

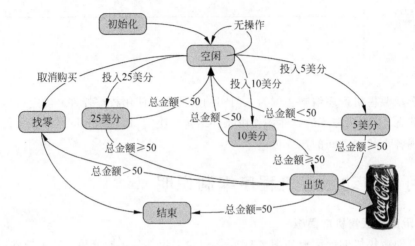

图 2-2   可乐自动贩售机状态图

可乐自动贩售机各状态的作用分别为：

（1）初始化。将各布尔控件的初值赋值为"非"，"已投币"控件值赋值为 0。

（2）空闲。根据使用者在前面板中对布尔控件的操作选择接下来进入的状态。

（3）5 美分。已投币金额增加 5，并判断是出货还是重新进入"空闲"状态。

（4）10 美分。已投币金额增加 10，并判断是出货还是重新进入"空闲"状态。

（5）25 美分。已投币金额增加 25，并判断是出货还是重新进入"空闲"状态。

（6）出货。显示可乐瓶的图案，并进入"找零"状态。

（7）找零。在"找零"控件中显示需要找零的金额，将"已投币"控件的数值归零，并进入"退出"状态。

（8）退出。弹出"欢迎下次光临!"对话框，并结束程序。

2. 可乐自动贩售机程序框图

可乐自动贩售机的每项任务都作为独立分支嵌套在带有移位寄存器的 While 循环所包围的条件结构中。根据状态图，其条件结构分支应有"初始化"状态、"空闲"状态、"5 美分"状态、"10 美分"状态、"25 美分"状态、"售出"状态、"找零"状态和"退出"状态。因条件结构分支较多，这里只以"初始化"状态的具体程序框图为例，如图 2-3 所示。其余状态程序框图请参见具体操作步骤。

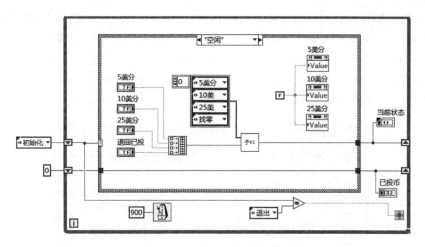

图 2-3 "初始化"状态的具体程序框图

2.2 可乐自动贩售机程序编制步骤

在程序框图编制与前面板制作前需要先新建 VI,具体步骤在第 1 章温度报警系统程序编制实例中已介绍,此处不再赘述。

2.2.1 可乐自动贩售机前面板制作

1. 状态变量的设计

1) 创建"枚举"常量

通过"枚举"控件来确定"初始化""空闲""5 美分""10 美分""25 美分""售出""找零"和"退出"这 8 种状态。新建 VI,在前面板空白处右击,进入浮动"控件"选项面板,选择"下拉列表与枚举"子选项面板中的"枚举"控件,并将其拖至前面板适当位置。

2) 编辑"枚举"控件

(1) 在"枚举"控件上右击,在弹出的快捷菜单中选择"高级"→"自定义"命令,如图 2-4 所示,进入编辑窗口,将此控件定义为"自定义类型"。

(a) 打开控件的"自定义"界面

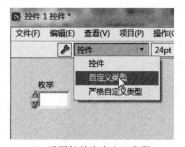

(b) 设置控件为自定义类型

图 2-4 控件的"自定义"编辑

（2）在控件编辑窗口中右击控件，在弹出的快捷菜单中选择"编辑项"选项卡，如图2-5所示，依次插入"初始化""空闲""5美分""10美分""25美分""售出""找零"和"退出"8个项，通过单击"上移"或"下移"按钮对上述状态顺序进行调整，确定后进行保存，命名为"状态控制"；退出控件编辑窗口，此时出现对话框询问："将原控件'枚举'替换为'状态控制.ctl'？"单击"是"按钮，退出此编辑窗口。

图 2-5　枚举控件"编辑项"选项卡中"项"内容的填入

3）将"枚举"控件转换成常量

切换至程序框图，右击"枚举"控件，在弹出的快捷菜单中选择"转换为常量"命令，如图 2-6 所示。枚举常量里面包含了所有的状态信息，每一种状态对应常量中的一项。

2. 主界面的设计

1）钱币图形控件的制作

（1）创建"确定按钮"控件。切换至 LabVIEW 前面板，在空白处右击，进入"控件"选项面板并选择"布尔"图标，在"布尔"选项面板中选择"确定"控件。然后右击此控件，选中"显示项"中的"标签"和"布尔文本"复选框，使此布尔控件隐藏标签与里面的文字，如图 2-7 所示。

图 2-6　"枚举"控件属性选择卡

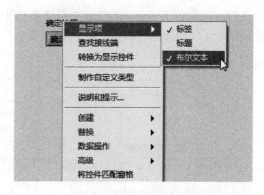

图 2-7　设置布尔控件的标签与文字不显示

（2）导入单击前的图片。在布尔控件上右击，选择"高级"→"自定义"命令，进入控件编辑窗口，在菜单栏中选择"编辑"→"导入图片至剪贴板"命令，选择浏览并选择"5美分单击前"图片，如图2-8(a)所示，然后右击布尔控件并从弹出的快捷菜单中选择"剪贴板导入图片"→"假"命令，如图2-9所示。

（3）导入单击后的图片。同样地，导入"5美分单击后"图片，如图2-8（b）所示，选择图片后右击控件，在弹出的快捷菜单中选择"剪贴板导入图片"→"真"命令。钱币图形"假"与"真"转换是为了模拟是否投入了相应的钱币。

（4）设置布尔控件的"机械动作"。完成图片的导入与定义后，右击控件，在弹出的快捷菜单中选择"机械动作"→"单击时转换"命令，将"5美分"控件的"机械动作"转换为"单击时转换"，如图2-10所示，确定后进行保存，命名为"5美分"；退出控制编辑窗口，此时出现对话框询问："将原控件'确定按钮'替换为'5美分.ctl'？"单击"是"按钮，并退出此编辑窗口。

(a) 单击前的状态("假")　　　　　　　(b) 单击后的状态("真")

图2-8　"5美分"图形控件单击转换前后两种状态

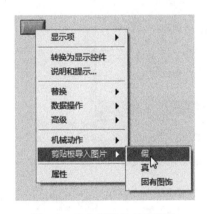　

图2-9　导入图形控件的图片　　　　　图2-10　定义图形控件的机械动作

（5）重复上述步骤，分别制作10美分和25美分的图形控件。10美分和25美分图形控件单击转换前后的状态如图2-11所示（此处需特别注意"机械动作"的设置）。

设置完成"真"或"假"对应的图片后，可右击控件，在弹出的快捷菜单中选择"数据操作"命令，并观察最后的选项是"将值更改为真"还是"将值更改为假"，如图2-12所示。若为前者，则此时控件的值为"假"，反之为"真"。单击此选项可改变控件的值，再对另一值进行验证。

(a) "10美分"图形控件单击转换前的状态

(b) "10美分"图形控件单击转换后的状态

(c) "25美分"图形控件单击转换前的状态

(d) "25美分"图形控件单击转换后的状态

图 2-11　各图形控件单击转换前后的状态

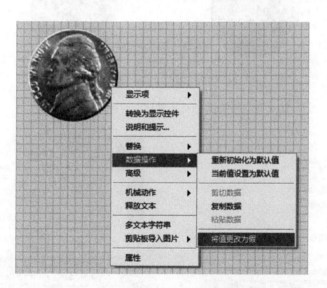

图 2-12　验证控件各值对应的图片是否正确

（6）更改控件标签。为了便于在程序框图中管理这些控件,应当通过标签给各自控件定义好名称。选中控件后右击,在弹出的快捷菜单中选择"属性"命令,然后在其"标签"项下输入对应的名称,如"5美分",无须选中"可见"复选框,即可使控件在程序框图中显示相应的名称,如图 2-13 所示。

2）可乐瓶图形控件的制作

可乐瓶图形控件使用"图片下拉列表"控件来实现。在 LabVIEW 前面板空白处右击,进入"控件"选项面板,选择

图 2-13　更改控件标签

"下拉列表与枚举"图标,在打开的选项面板中选择"图片下拉列表"控件,并导入可乐图片〔详细步骤可参照"(1)/(2)",亦可直接将图片拖入控件中〕,将控件拉伸至合适的尺寸。

　　然后选择此控件,右击,在弹出的快捷菜单中选择"显示项"命令,取消选中"标签"复选框,使得此控件上面的标签不显示。再右击此控件,在弹出的快捷菜单中选择"属性"命令,然后在其"标签"选项组内的文本框中输入"可乐瓶",需要注意的是,应将前面板上的"图片下拉列表"控件转换为显示控件,如图2-14所示。

　　3)"已投币"数值显示控件的制作

　　在前面板空白处右击,在弹出的"控件"选项面板中选择"新式/数值"子选项面板中的"数值显示控件",并将其放置在前面板合适区域。然后双击其标签修改为"已投币",并将表示法转化成"长整型",数值常量I32(长整型)用于传递数值至程序框图,如图2-15所示。

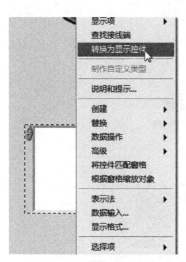

图2-14　将"图片下拉列表"控件转换为显示控件

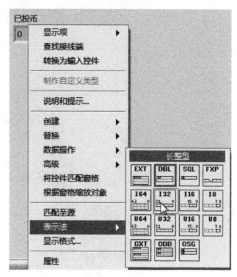

图2-15　设置控件表示法为"长整型"

　　4)"退回已投"布尔控件的制作

　　在前面板空白处右击,进入"控件"选项面板并选择"新式/布尔"子选项面板中的"确定"控件,放置在合适区域。右击此控件,在弹出的快捷菜单中选择"显示项"命令,取消选中"标签"复选框,使得此控件上面的标签不显示。然后在此控件上单击,修改其布尔文本为"退回已投"。

　　5)"找零"字符串显示控件的制作

　　在前面板空白处右击,进入"控件"选项面板并选择"新式/字符串与路径"子选项面板中的"字符串显示控件",放置在合适区域,并修改其标签为"找零"。

　　6)"当前状态"自定义枚举控件的制作

　　转到程序框图,复制已定义的"状态控制"枚举控件,

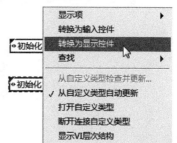

图2-16　设置枚举控件为显示控件

并将其转化为显示控件,如图 2-16 所示。保证此"当前状态"枚举控件与已经定义的"状态控制"枚举控件完全一致,否则连线时会出现错误。

7) 前面板的优化

(1) 为了方便操作,可以把前面板窗口最大化。然后在前面板空白处右击,进入"控件"选项面板并选择"新式/修饰"图标,在"新式/修饰"子选项面板中选择"下凹圆盒"控件,放置在合适区域;然后依次将"25 美分""10 美分"和"5 美分"控件放在"下凹圆盒"控件上,这时需要将"下凹圆盒"控件"移至后面"或者将"25 美分""10 美分"和"5 美分"控件"移至前面"。接着按住 Shift 键并右击调出"工具"选项面板,在对应的钱币下方输入文字标示,根据需要可在"文本设置"工具中调整字体大小和颜色,如图 2-17 所示。

(a) 将"下凹圆盒"控件"移至后面"

(b) 设置字体颜色

(c) 编辑完成后的界面

图 2-17　添加并修改文字标识

同样地,在"修饰"选项面板中选择"下凹盒"控件,然后依次将"已投币"数值显示控件、"退回已投"布尔控件、"找零"字符串显示控件和"当前状态"自定义枚举控件放在"下凹盒"控件上,这时需要将"下凹盒"控件"移至后面"或者将"已投币"数值显示控件、"退回已投"布尔控件、"找零"字符串显示控件和"当前状态"自定义枚举控件"移至前面"。

（2）在"修饰"选板中选择"平面边框"控件,作为整体界面的外边框;可口可乐的标志可直接复制拖入,也可选择菜单栏中的"编辑"→"导入图片至剪贴板"命令。

（3）调整"当前状态""找零"等控件中的图形与文字大小,方法同（1）。

最终制作完成的前面板如图 2-18 所示。

图 2-18　调整后的前面板

2.2.2　可乐自动贩售机程序框图编制

1. While 循环和 Case 结构的联合使用

使用 While 循环和 Case 条件结构作为状态机程序的主体框架。通过"条件结构"定义不同状态及其内容,使用"While 循环"结构与"移位寄存器"来实现不同状态间的连续传递。

切换至程序框图,将已有的控件整齐地排列在一侧,以便后面选取。先后两次在空白处右击,进入"编程"选项面板,依次选择"编程/结构"选项面板中的"While 循环"和"条件结构"函数,分别放置在程序框图合适位置;然后将已定义为常量的自定义"枚举"常量与"条件结构"函数的"分支选择器"进行连接。再右击"分支选择器",在弹出的快捷菜单中选择"为每个值添加分支"命令,如图 2-19（a）所示。"枚举"常量中的 8 种状态就分别建立了各自的事件分支,如图 2-19（b）所示,单击下拉列表框的下三角按钮即可看到。

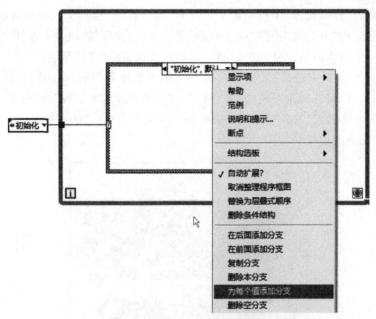

(a) 为"条件结构"函数的每个值添加分支

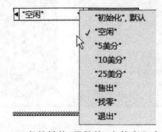

(b) "条件结构"函数的8个状态分支

图 2-19　为"条件结构"函数添加分支

2．不同状态时的程序框图编制

1）"初始化"状态时的程序框图编制

（1）"初始化"状态时的前面板如图 2-20 所示："已投币"和"找零"控件显示为 0；"当前状态"控件显示为"空闲"；"25 美分""10 美分"和"5 美分"控件的图片显示为用户按下之前的状态，即用户未投币时的状态；"可乐瓶"控件不显示。

"25 美分""10 美分"和"5 美分"控件的图片显示用户按下之前即用户未投币时的状态与"可乐瓶"图片不显示都可以通过调用相应控件的"属性节点"并赋予"假常量"的方法来实现，"找零"显示为 0 同样可以通过调用相应控件的"属性节点"并赋予 0 常量的方法来实现。具体设置可参照表 2-1。

图 2-20 "初始化"状态的前面板

表 2-1 钱币和可乐瓶图片"初始化"状态程序编制

状 态	属性节点	赋 值
25美分显示为用户未投币的状态	值	F(假常量)
10美分显示为用户未投币的状态	值	F(假常量)
5美分显示为用户未投币的状态	值	F(假常量)
可乐瓶不显示	可见	F(假常量)

　　"25美分""10美分""5美分"和"找零"控件"值"的"属性节点"创建方法以"5美分"控件为例，如图 2-21 所示。在"5美分"控件图标上右击，在弹出的快捷菜单中选择"创建"→"属性节点"→"值"命令，操作完成后可看到如图 2-22 所示的程序框图。

　　创建"可乐瓶"控件"可见"的"属性节点"的方法如图 2-23 所示。在程序框图中的"可乐瓶"控件图标上右击，在弹出的快捷菜单中选择"创建"→"属性节点"→"可见"命令，操作完成后可看到如图 2-24 所示的程序框图。

　　在"条件结构"的空白处右击，进入"函数"选项面板，选择"编程/布尔"子选项面板中的"假常量"函数，插入一假常量。然后在相应控件图标上右击，在弹出的快捷菜单中选择"转换为写入"命令，将"属性节点"全部转换为写入，如图 2-25 所示。右击"找零"控件的左侧接线端，选择"创建"→"常量"命令，为其赋值 0 常量。连线完成后可看到如图 2-26 所示的程序框图。

　　（2）使用"While 循环"结构与"移位寄存器"来实现不同状态间的连续传递。在已定义为常量的自定义枚举常量与"While 循环"结构连接的通道上右击，在弹出的快捷菜单中选

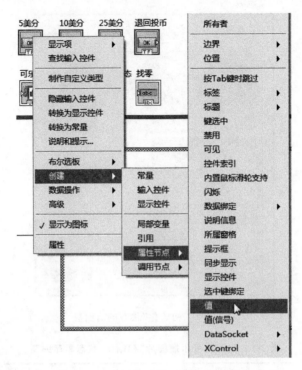

图 2-21 "5美分"控件"值"的"属性节点"创建方法

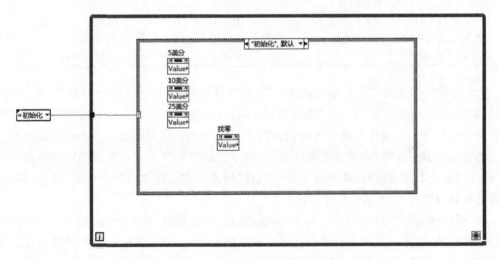

图 2-22 设置完成后的程序框图

择"替换为移位寄存器"命令,如图 2-27 所示,其中 ▼ 代表上次循环, ▲ 代表下次循环。

(3) 为了使每两次循环间的时间间隔为 900ms,在程序框图界面空白处右击,进入"函数"选项面板,并单击"编程/定时"子选项面板中的"等待下一个整数倍毫秒"函数与"已投

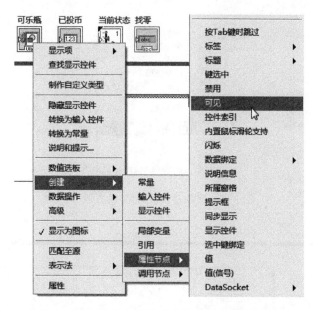

图 2-23　"可乐瓶"控件"可见"的"属性节点"创建方法

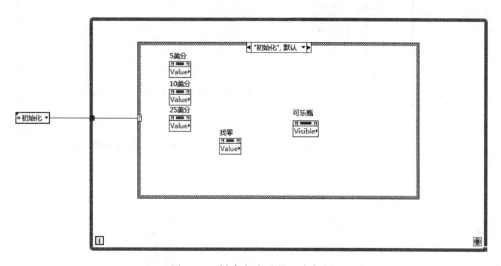

图 2-24　创建完成后的程序框图

币"控件,将其拖至"While 循环"结构内。右击"下一个整数倍毫秒"函数,在弹出的快捷菜单中选择"创建"→"常量"命令,并给其赋值 900。

（4）复制已定义的 [初始化] "状态控制"枚举,对其单击可在弹出的菜单中选择不同的状态。将其复制两次并重新进行状态选择即可得到"空闲"和"退出"状态时的两个"状态控制"枚举。

（5）在"While 循环"结构的左侧或右侧边框上右击,在弹出的快捷菜单中选择"添加移

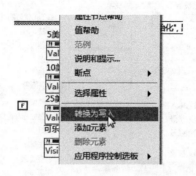

图 2-25　将控件设置为"转换为写入"

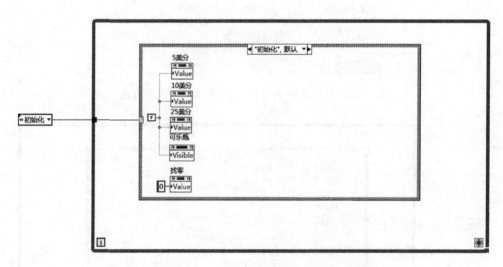

图 2-26　设置完成后的程序框图

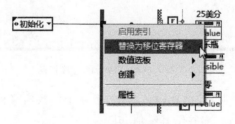

图 2-27　设置隧道为"替换为移位寄存器"

位寄存器"命令,并将添加的左侧移位寄存器的左端端子与一个 0 常量相连,右端端子与已放入"While 循环"中的"已投币"控件相连。这样即可使用迭代的方法进行数据运算,即将用户每次投入的钱币数与之前已投的钱币数进行累加。"初始化"状态的具体程序框图如

图 2-28 所示。

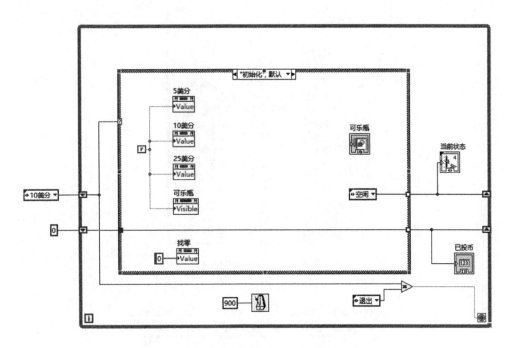

图 2-28　"初始化"状态的具体程序框图

2）"空闲"状态时的程序编制

（1）子 VI 的创建。此处涉及子 VI 的创建。此处的子 VI 通过判断各布尔控件的值来决定下个需要进入的状态。LabVIEW 的子 VI 相当于常规编程语言中的子程序，用户可以把任何一个 VI 当作子 VI 来调用，只要设置好其图标和连接器即可。因此在使用 LabVIEW 编程时，应与其他编程语言一样，尽量采用模块化编程的思想，有效地利用子 VI，可以简化 VI 框图程序的结构，使其更加简洁易于理解，提高 VI 的运行效率。

① 创建 VI，选取控件。切换至前面板，选择"文件"→"新建 VI"命令。在新建的子 VI 的前面板空白处右击，进入"控件"选项面板，选择"新式"组下"数组、矩阵与簇"图标，在"数组、矩阵与簇"子选项面板中选择"数组"控件，并拖至前面板合适区域，如图 2-29 所示。进行两次创建即得如图 2-30 所示的子 VI 前面板。

同样地，在前面板空白处右击，进入"控件"选项面板，选择"新式/布尔"子选项面板中的"开关按钮"控件，拖至前面板合适区域，如图 2-31 所示。然后将布尔控件拖至数组元素 1 显示窗口，完成数组的创建，如图 2-32 所示。

在前面板空白处右击，打开"控件"选项面板并单击"选择控件"命令，如图 2-33 所示，浏览并选择之前已创建的"状态控制.ctl"，将枚举型常量拖至数组元素 2 显示窗口，完成数组的创建，如图 2-34 所示。

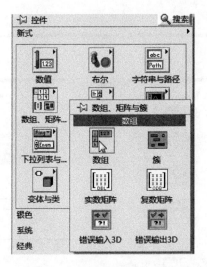

图 2-29　选择"数组"控件

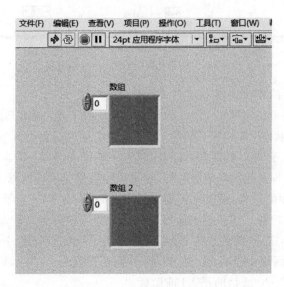

图 2-30　创建完成后的控件

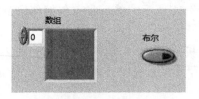

图 2-31　创建"开关按钮"控件

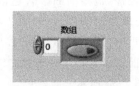

图 2-32　数组创建完成后

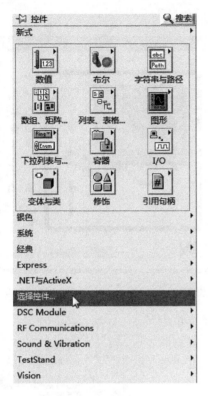

图 2-33 "控件"选项面板

图 2-34 创建完成后的数组 2

　　选中两个数组控件,并在任意数组控件上右击,从弹出的快捷菜单中选择"显示项"→"标签"命令,隐藏此控件的标签;然后再次通过"控件"选项面板中的"选择控件"命令添加之前创建的"状态控制.ctl",并将其转换为显示控件。

　　② 创建 VI 图标。在调用 VI 的框图中,每个子 VI 都需要用一个图标来表示。图标是一个图形符号,可以进行修改。在前面板右上角的图标窗格上右击,在弹出的快捷菜单中选择"编辑图标"命令,如图 2-35 所示。亦可双击图标窗格上的图标来打开"图标编辑器"对话框,弹出的图标编辑器如图 2-36 所示。然后使用对话框上的工具创建图标。本实例不需要对图标进行设计,只要正确定义连接器即可。

图 2-35 选择"编辑图标"命令

　　③ 编辑连线模式。子 VI 创建的主要工作就是定义 VI 的连接端口,在 VI 程序框图面板的右上角可找到 ⊞ 连接端口,连接端口由输入端口和输出端口组成。第一次打开连接端口时,LabVIEW 会自动根据前面板中的控制和指示建立相应个数的端口,这些端口并没有与控制或指示建立起关联关系,需要用户自己定义。但通常情况下,用户并不需要把所有的控制或指示都与一个端口建立关联,与外部交换数据。那么,就需要改变连接端口中端口的

数量。LabVIEW 提供了以下两种方法来改变端口的数量。

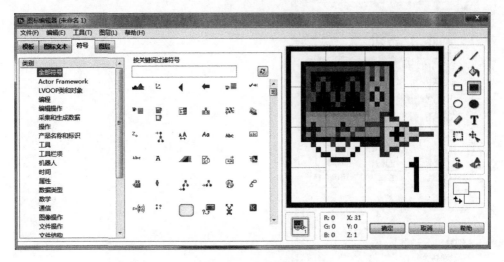

图 2-36　图标编辑器

第一种方法是在连接端口右击,在弹出的快捷菜单中选择"添加接线端"或"删除接线端"命令,逐个添加或删除连接端口,如图 2-37 所示。这种方法较为灵活,但也比较烦琐。

第二种方法是在连接端口右击,在弹出的快捷菜单中选择"模式"菜单项,弹出的子菜单中有几十种不同的连接端口可供用户进行选择,如图 2-38 所示。一般情况下可以满足用户的需要,选择连接端口模式即完成子 VI 的创建。

按上述方法正确定义连接器,如图 2-39 所示,然后单击连接器上的一个端子,可以观察到端子会变成黑色,如图 2-40 所示。

图 2-37　选择"添加接线端"命令

再单击欲指定给端子的控件或者指示器,如图 2-41 所示。如果成功地为控件或者指示器指定了连接器窗格端子,所选端子将会呈绿色(根据所选择的控件或指示器的不同类型,也可能是其他的颜色)。如果端子仍然呈黑色或者白色,则说明没有正确连接,需要重新连接。

接下来连接制作的子 VI,左半边的上半部分连接"初始化"控件,下半部分连接布尔控件,右边连接"状态"控件。最终完成的前面板如图 2-42 所示。

此子 VI 中"状态"枚举控件的默认输出值应设置为"空闲"。在"状态"枚举控件上右击,从弹出的快捷菜单中选择"数据操作"→"当前值设置为默认值"命令,如图 2-43 所示。

④ 切换至程序框图界面。创建如图 2-44 所示的程序框图,保存子 VI,命名为"空闲状态下的子 VI"。此处使用 For 循环,若使用 While 循环则编程较为烦琐。

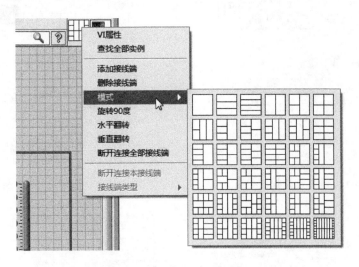

图 2-38　菜单中的模式

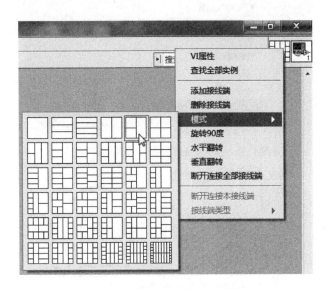

图 2-39　选择正确的模式

图 2-40　定义模式后的端子

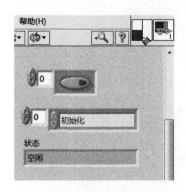

图 2-41　正确连接控件和端子

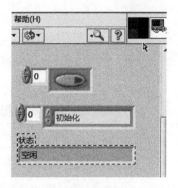

图 2-42　　连接完成后的前面板

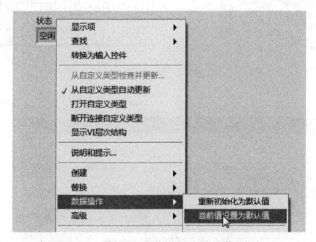

图 2-43　选择"当前值设置为默认值"命令

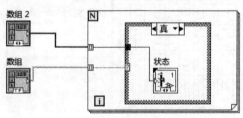

(a) 条件结构中"真"结构下的程序

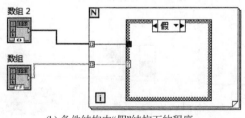

(b) 条件结构中"假"结构下的程序

图 2-44　"空闲"状态程序中子 VI 的程序框图

到此,子 VI 的编制就完成了。

(2) 打开可乐自动贩售机程序框图,切换至空闲条件分支。整个程序一开始便会默认转换至"空闲"状态,不断循环此状态直至用户进行操作。此处将所有待选择的状态存入数组 2 中,将所有布尔控件的值存至数组 1 中。子 VI 通过对布尔数组每个元素的值进行逻辑判断,输出不同的索引值,从数组 2 中索引出下一个状态输出到移位寄存器。

① 与上述 1)中"25 美分""10 美分"和"5 美分"控件的图标显示相同,在用户按下之前即用户未投币时的状态可以通过调用相应控件的"属性节点"并赋予"假常量"的方法来实现,如图 2-45 所示。

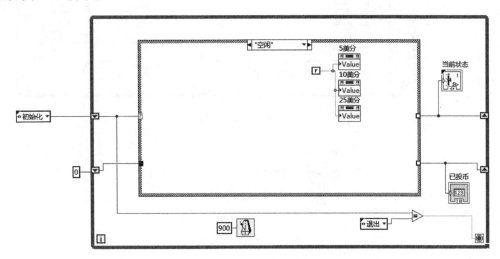

图 2-45　赋值"假常量"

② 在程序框图的空白处右击,进入浮动的"函数"选项面板,选择"编程/数组"选项面板中的"创建数组"函数,放置在程序框图合适区域;然后通过下拉"创建数组"函数直接添加输入端子或在"创建数组"函数输入端子上右击,在弹出的快捷菜单中选择"添加输入"命令,如图 2-46 所示。

依次右击"5 美分""10 美分""25 美分"和"退回投币"布尔控件,从弹出的快捷菜单中选择"显示为图标"命令,并将其与"创建数组"函数相连,如图 2-47 所示。

③ 将已创建完成的子 VI 导入"空闲"状态程序框图。右击程序框图空白处,在"函数"选项面板中选择"选择 VI"命令,如图 2-48 所示,浏览并选择"空闲状态下的子 VI"文件。"空闲"状态的具体程序框图如图 2-49 所示。

图 2-46　添加输入端子

④ 创建一个数组常量。直接在已经导入的子 VI 左上接线端处右击,从弹出的快捷菜单中选择"创建"→"常量"命令(此处创建的常量为数组常量),然

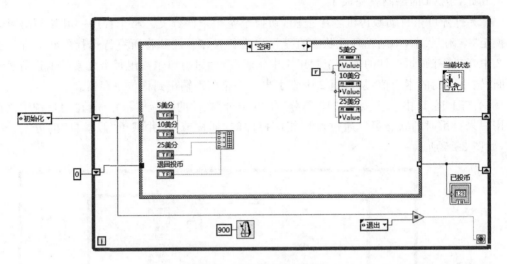

图 2-47　控件、函数连线图

图 2-48　"函数"选项面板

后通过下拉数组常量添加三个常量,如图 2-50(a)所示。分别选择"5 美元""10 美元""25 美元"和"找零",如图 2-50(b)所示。最终完成,如图 2-50(c)所示。此处将各布尔控件的值作为子 VI 中数组 1 的元素,将"5 美分""10 美分""25 美分""找零"作为数组 2 的元素,依次判断数组 1 中各布尔元素的值是否为真,并输出与数组 1 正确元素相对应的数组 2 元素。

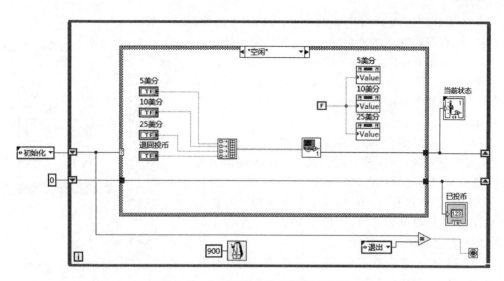

图 2-49　"空闲"状态的具体程序框图

(a) 添加常量　　　　　　　(b) 编辑添加的常量

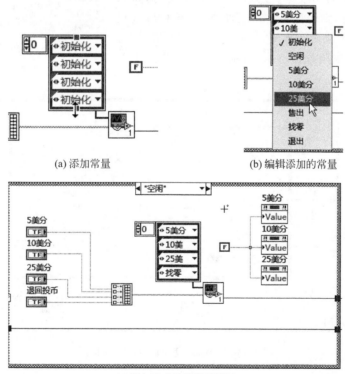

(c) 添加完成后的程序框图

图 2-50　添加数组常量

3）"5美分""10美分"和"25美分"状态时程序的编制

这三个程序实现了两个功能：一是按相应币种进行累加；二是与可乐出售价（这里假定为50美分）进行比较，如果仍小于50美分则转换至"空闲"状态，让用户继续投币或直接找零；如果大于或等于50美分，则会"售出"可乐。

（1）切换至"5美分"条件分支。这里利用真假选择函数来实现与50美分比较后进行选择：在逻辑输出为真时，跳入"真"分支的状态，进行 State 1；为假时，跳入"假"分支的状态，进行 State 2，这个方式在两个可能状态的情况下非常简单和好用，如果是3个或3个以上的状态，则真假选择函数就难以使用了。

在程序框图的空白处右击，进入浮动的"函数"选项面板并选择"编程/比较"子选项面板中的"选择"函数，放置在程序框图合适区域，如图2-51所示。

在"5美分"条件分支下，投入的钱币以5美分递增，如果小于50美分，则转换至"空闲"状态，让用户继续投币或直接找零；如果大于或等于50美分，则会"售出"可乐。具体步骤请按照如图2-52所示"5美分"状态下的程序框图自行完成。

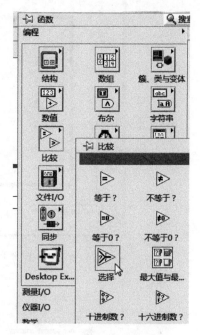

图2-51　"函数"选项面板

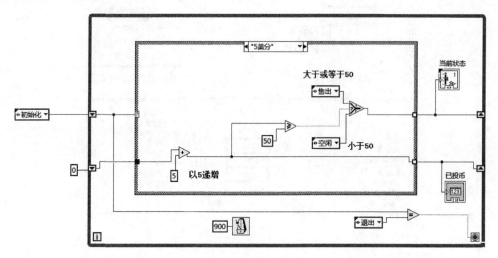

图2-52　"5美分"状态的具体程序框图

（2）切换至"10美分"条件分支。这里利用条件结构的多个分支分别对应了不同的下一状态值来实现选择，如果利用上述"5美分"状态下的程序框图中真假选择函数也是可行的。"空闲"和"售出"状态下的条件结构分支如图2-53所示。其余步骤请按照如图2-54所示"10 美分"状态下的具体程序框图自行完成。

(a) "空闲"状态下　　　　　　(b) "售出"状态下

图 2-53　"空闲"和"售出"状态下的"Case 结构"分支

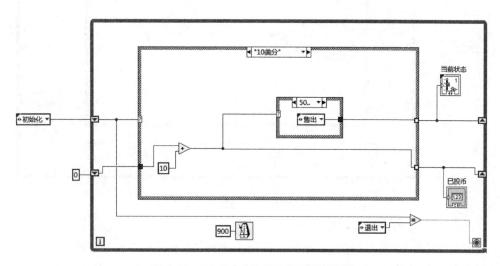

图 2-54　"10 美分"状态的具体程序框图

（3）切换至"25 美分"条件分支。这里同样也利用条件结构的多个分支分别对应不同的下一状态值来实现选择，请按照如图 2-55 所示"25 美分"状态下的具体程序框图自行完成。

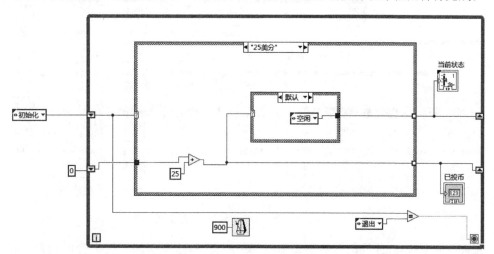

图 2-55　"25 美分"状态的具体程序框图

4）"售出"状态时的程序框图编制

"售出"状态时将显示可乐瓶,并默认转换至"找零"状态,调用"可乐瓶"的属性节点转换为写入并赋予"真常量"。"售出"状态的具体程序框图如图 2-56 所示。

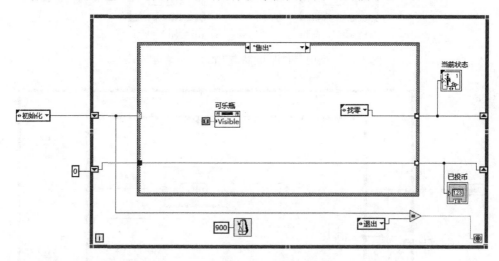

图 2-56 "售出"状态的具体程序框图

5）"找零"状态时的程序框图编制

程序框图中实现找零又通过一个条件结构来实现,其中需要将数字转换为十进制数组成的字符串。在程序框图的空白处右击,进入浮动的"函数"选项面板并选择"字符串"→"数值/字符串转换"→"数值至十进制数字符串转换"函数,如图 2-57 所示。

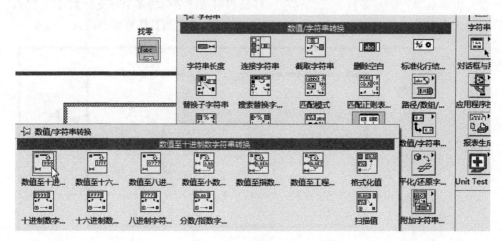

图 2-57 "数值/字符串转换"选项面板

完善找零系统,在找零的钱数后面添加"美分"文本,这里采用连接字符串函数,同样在程序框图的空白处右击,进入浮动的"函数"选项面板并选择"字符串"子选项面板中的"连接

字符串"函数,"美分"的文本用"字符串常量"写入。"找零"状态的具体程序框图如图 2-58
和图 2-59 所示。

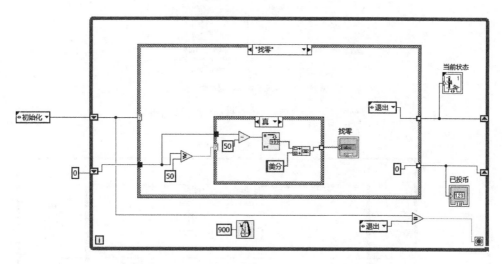

图 2-58　内部找零条件结构为"真"时的具体程序框图

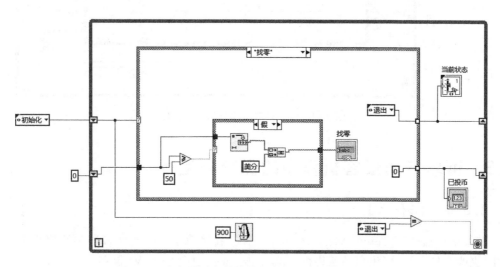

图 2-59　内部找零条件结构为"假"时的具体程序框图

6)"退出"状态时的程序框图编制

"退出"状态使用"欢迎下次光临!"的文本输出。在程序框图的空白处右击,进入浮动的
"函数"选项面板并选择"对话框与用户界面"子选项面板中的"单按钮对话框"函数,如
图 2-60 所示。"欢迎下次光临!"的文本用"字符串常量"写入。"退出"状态的具体程序框图
如图 2-61 所示。

图 2-60 "对话框与用户界面"子选项面板

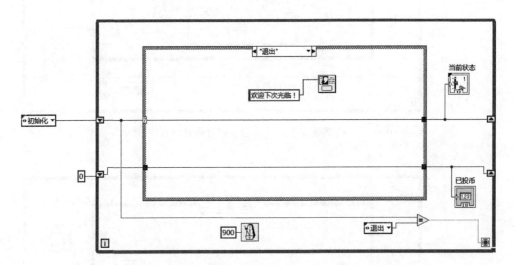

图 2-61 "退出"状态的具体程序框图

2.3 可乐自动贩售机程序的保存和运行

2.3.1 保存 VI

在菜单栏选择"文件"→"保存"命令,将其保存在之前建立的文件名为 MYWORK 的文档中,更改文件名为"可乐自动贩售机.vi",单击"确定"按钮完成 VI 保存。

2.3.2 运行 VI

(1) 返回前面板,单击运行按钮 ⬙ 运行程序,可看到"已投币"和"找零"控件显示为 0,"当前状态"控件显示为"空闲","可乐瓶"控件不显示,如图 2-62 所示。

(2) 单击 25 美分的布尔控件,可看到"已投币"控件显示为 25,"找零"控件显示为 0,"当前状态"控件显示为"空闲","可乐瓶"控件不显示,如图 2-63 所示。

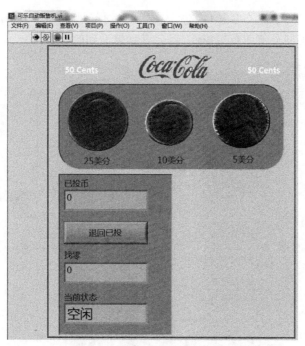

图 2-62 "空闲"状态下的前面板

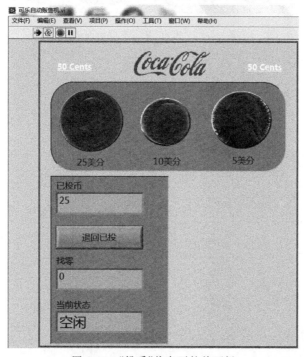

图 2-63 "投币"状态下的前面板

(3) 再次单击"25 美分"布尔控件,由于程序的运行,最终可看到如图 2-64 所示的前面板。可以自行单击不同分值的布尔控件,将会有意想不到的收获。

图 2-64 "售出"状态下的前面板

第2篇　机械工程领域常见物理量测量模块

▶▶▶

第3章

滚珠丝杠副温度测量模块

滚珠丝杠副的温升直接引起其部件温位移的变化,其温度测量需要测量两端轴承、工作台和丝杠的温度,丝杠温度的测量需要考虑在工作状态下,丝杠一直在做旋转运动。

3.1 滚珠丝杠副温度测量模块程序编制说明

1. 滚珠丝杠副温度测量模块前面板

本实例的前面板主要由数据显示、通道设置与传感器参数设置组成。完成后的前面板如图 3-1 所示。"数据显示"部分为"波形图表"控件;"通道设置"部分为"DAQmx 物理通道"控件;"RTD 传感器参数设置"和"红外传感器参数设置"包括"文件输入控件"和"文本下拉列表"控件;"数据采集"包括"文件路径输入控件"和"空白按钮"布尔控件。

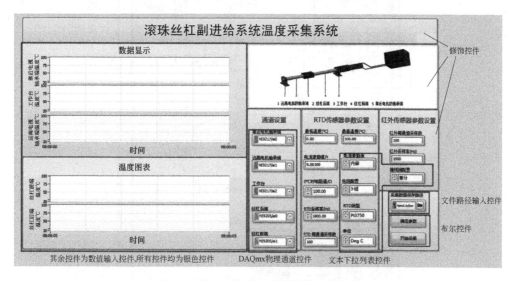

图 3-1 滚珠丝杠副温度测量模块前面板

2. 滚珠丝杠副温度测量模块程序框图

本 VI 使用"While 循环"和"Case 结构"作为设计框架,使用 NI 自带的"DAQmx-数据采集"模块作为主体部分（若没有此模块可以在 NI 官方网站自行下载），主要分为通道设置、定时设置和数据采集三大部分。其中包括"DAQmx 创建通道""DAQmx 定时""DAQmx 开始任务""DAQmx 读取""DAQmx 停止任务""DAQmx 清除任务"等一系列函数。同时在参考范例的基础上，修改数据记录的方式，使用"写入测量文件"函数来完成数据的记录。具体的程序框图如图 3-2 所示。

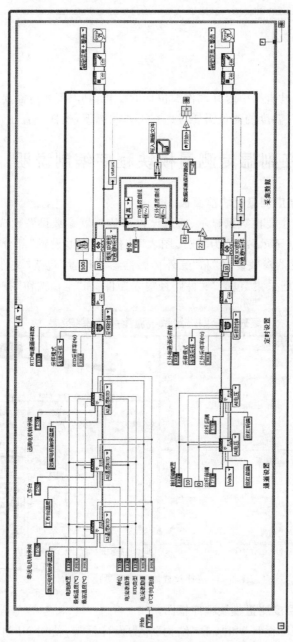

图 3-2　滚珠丝杠副温度测量模块程序框图

3.2 滚珠丝杠副温度测量模块程序编制步骤

LabVIEW 开发环境带有模板和项目范例,可以为使用者提供一个参考和设计框架,在此基础上进行修改和完善,会显著提高程序设计的效率,下面介绍如何查找范例。在 LabVIEW 启动界面或者新建 VI 的前面板或程序框图界面选择菜单栏中的"帮助"选项,如图 3-3 所示,选择"查找范例"命令,出现如图 3-4 所示的对话框。

图 3-3 "帮助"菜单栏

图 3-4 NI 范例查找器

查找范例有三种方法。

（1）按照任务浏览方式查找程序范例。例如，选择"硬件输入与输出"→DAQmx→"模拟输入"→"RTD 或热敏电阻-连续输入"范例，如图 3-5 所示。使用此种方法要求操作者对任务结构比较熟悉。

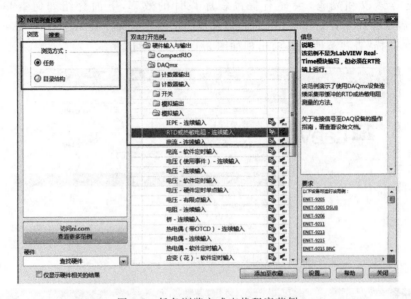

图 3-5　任务浏览方式查找程序范例

（2）按照目录结构方式查找程序范例。例如，选择 DAQmx→Analog Input→SubVIs→Voltage-SW-Timed Input. vi 文件，如图 3-6 所示。

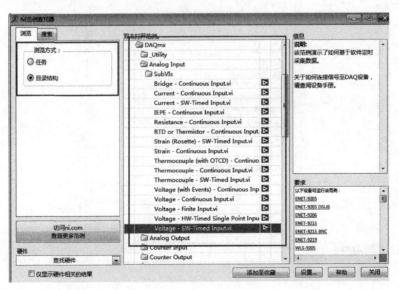

图 3-6　目录结构方式查找程序范例

（3）如果不熟悉浏览方式，可以通过搜索的方式查找范例。例如，查找 DAQmx，选择"电压-软件定时输入"，如图 3-7 所示。

图 3-7 关键字搜索查找范例

注意：① 对范例直接进行编辑时，建议将当前 VI 先另存为再进行编辑，以免修改了 LabVIEW 的自带范例内容。另存为应选择"创建不打开的磁盘副本"单选按钮。

② 若打开范例时弹出"出错-NI 服务定位器未运行"对话框，则打开计算机的"控制面板"→"系统和安全"→"管理工具"→"服务"快捷方式，启动 NI Service Locator 服务，然后重启 LabVIEW，便可打开范例。

3.2.1 滚珠丝杠副温度测量模块程序框图编制

1. 查找合适的范例

滚珠丝杠副温度测量模块所使用的传感器分别是 RTD 温度传感器和红外线非接触式温度传感器。RTD 温度传感器是通过电阻值的变化来反映温度的变化，红外线非接触式温度传感器是通过电压值的变化来反映温度的变化。因此，针对 RTD 温度传感器采集程序的编制可基于"RTD 或热敏电阻-连续输入"范例的程序进行修改，而根据红外非接触式温度传感器的工作原理可基于"电压-连续输入"范例的程序进行修改完成红外非接触式温度传感器测量程序的编制。

这里通过任务浏览的方法查找"RTD 或热敏电阻-连续输入"和"电压-连续输入"范例。启动 LabVIEW，在开始界面的菜单栏中选择"帮助"→"查找范例"命令，出现"NI 范例查找器"对话框，依次选择"硬件输入与输出"→DAQmx→"模拟输入"→"RTD 或热敏电阻-连续输入"和"电压-连续输入"范例,如图 3-8 所示。

图 3-8　查找"电压-连续输入"范例

2. 修改范例

1)"While 循环"和"条件结构"的联合使用

(1) 创建外部循环结构。新建 VI,在程序框图界面空白处右击,依次选择"编程/结构"选项面板中的"While 循环"和"条件结构"函数,如图 3-9 所示。

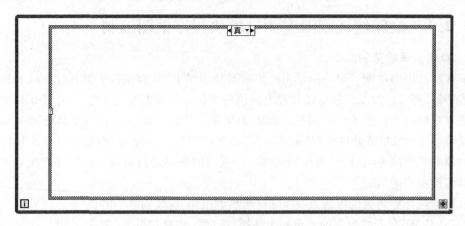

图 3-9　创建"循环结构"

（2）创建"开始"按钮。切换至前面板，在空白处右击，进入"控件"选项面板，并选择"银色"→"布尔"→"空白按钮"控件。然后右击控件，在弹出的快捷菜单中设置"机械动作"为"单击时转换"；再次右击控件，在弹出的快捷菜单中选择"属性"命令。然后在弹出的对话框中去掉"可见"中的"√"，并将"标签名"改为"开始"；先后选中"显示布尔文本"与"多字符串显示"复选框，并在"开时文本"与"关时文本"文本框中分别输入"重设参数"与"确定参数"，如图 3-10 所示。

图 3-10 "开始"按钮控件属性修改

切换至程序框图，将"开始"控件与"条件结构"的"分支选择器"连接，如图 3-11 所示。

（3）创建"假常量"函数。在空白处右击，选择"编程/布尔"选项面板中的"假常量"函数，分别与"真"分支和"假"分支右下角的"While 循环"的"条件接线端"相连，如图 3-12 所示。

（4）将"RTD 或热敏电阻-连续输入"和"电压-连续输入"的程序框图复制到"条件结构"的"真"分支中。然后将"RTD 或热敏电阻-连续输入"程序中的"记录设置"模块、"触发设置"模块删去并整理接线。完成操作后显示如图 3-13 所示。

2）通道设置的修改

（1）修改范例"RTD 或热敏电阻-连续输入"的通道设置。

① 删除"选项面板""簇"控件和"按名称解除捆绑"函数，右击"条件结构"控件，从弹出的快捷菜单中选择"删除条件结构"命令；将标签名"最小值""最大值"和"物理通道"分别修改为"最低温度""最高温度"和"靠近电机轴承端"；在"AI 温度 RTD"控件的"单位""RTD

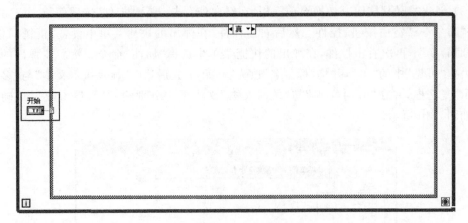

图 3-11　控件与结构的连接

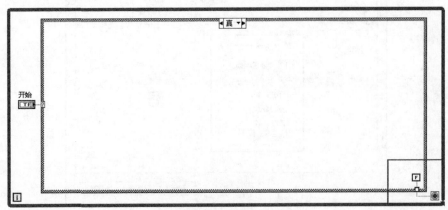

(a) "假常量"创建后条件结构的"真"分支

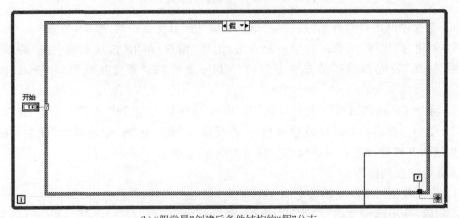

(b) "假常量"创建后条件结构的"假"分支

图 3-12　假常量的创建

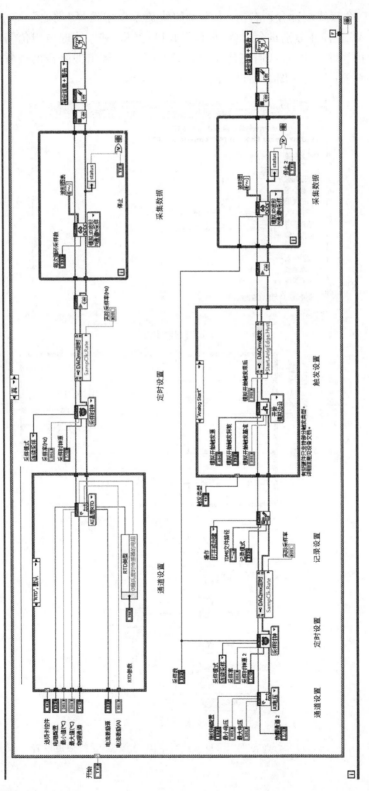

图 3-13 复制完成后的程序框图

类型"和"r0"三个接线端处分别右击,从弹出的快捷菜单中选择"创建"→"输入控件"命令,添加"数值输入"控件并分别重命名为"单位""RTD类型"和"0℃时电阻值";由于"AI-温度-RTD"函数的接线端较多,连线时可使用组合键Ctrl+H调出即时帮助查看对应的接线端,如图3-14(a)所示;结果如图3-14(b)与图3-14(c)所示。

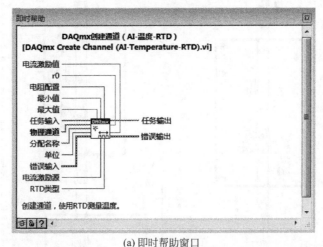

(a) 即时帮助窗口

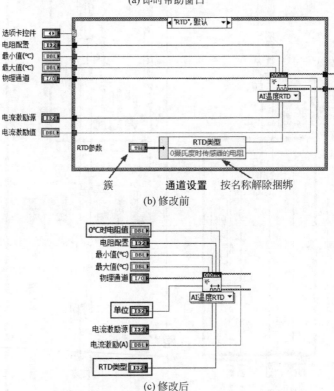

(b) 修改前

(c) 修改后

图 3-14　修改范例"RTD 或热敏电阻-连续输入"的通道设置

② 本实例进行温度测量时需要用到 3 个贴片式 RTD 温度传感器，因此在图 3-15 中标出的位置处插入两个"AI 温度 RTD"函数；如图 3-16(a)所示，选中图中的连接线然后右击，在弹出的快捷菜单中选择"插入"→"DAQmx-数据采集选板"→"DAQmx 创建虚拟通道"图

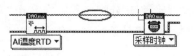

图 3-15　标识位置

标，然后单击 ▯AI电压▾ "多态 VI 选择器"下拉列表框，选择"模拟输入"→"温度"中的 RTD 选项，如图 3-16(b)所示。最终结果如图 3-16(c)所示。

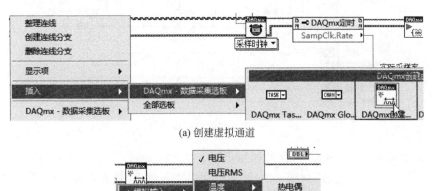

(a) 创建虚拟通道

(b) 设置模拟输入

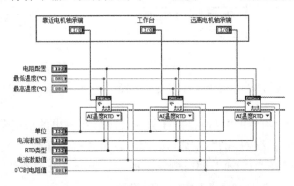

(c) 设置完成的模拟输入

图 3-16　创建并设置虚拟通道

③ 创建物理通道。本模块需要测量 3 个位置的温度，所以需要设置 3 个物理通道。将"靠近电机轴承端"物理通道复制并粘贴两次，并将标签名改为"工作台"和"远离电机轴承端"；如图 3-17 所示，将各个输入控件分别与"AI-温度-RTD"函数连接。

图 3-17　控件与接口对应连接图

④ 创建分配名称。在 3 个"AI-温度-RTD"函数的分配名输入口右击,依次创建常量"靠近电机轴承端""工作台"和"远离电机轴承端",如图 3-18 所示。

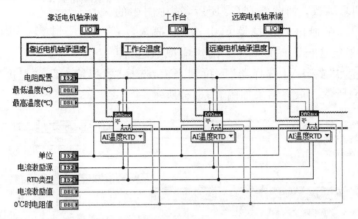

图 3-18 控件与接口对应连接图

(2) 修改"电压-连续输入"范例的通道设置。

同上一个范例进行修改,如图 3-19 所示。这里需要删去"最大电压"和"最小电压"输入控件,并在每个"AI 电压"函数的"单位""最大电压""最小电压"以及"分配名称"接线端处各创建一个常量。

3) 定时设置的修改

(1) 修改范例"RTD 或热敏电阻-连续输入"的定时设置。

① 删除图 3-20 所示控件。

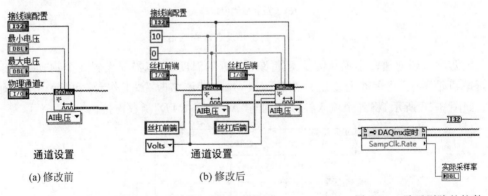

图 3-19 修改范例"电压-连续输入"的通道设置   图 3-20 需要删除的控件

② 右击"采样时钟"函数的"每通道采样数"接线端,在弹出的快捷菜单中选择"创建"→"输入控件"命令,然后将该控件的标签修改为"RTD 每通道采样数";将"采样率(Hz)"控件的标签修改为"RTD 采样率(Hz)",同时删除该控件右侧分支处的连线,如图 3-21 所示。

(2) 修改范例"电压-连续输入"函数的定时设置。

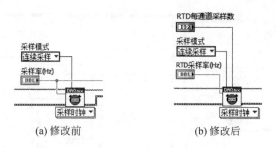

(a) 修改前　　　　　(b) 修改后

图 3-21　添加"RTD 每通道采样数"输入控件并修改程序框图

① 删除"采样时钟源"输入控件以及如图 3-22 所示的结构。

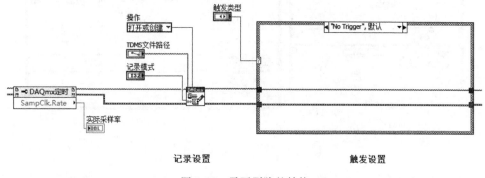

记录设置　　　　　　触发设置

图 3-22　需要删除的结构

② 将"采样数"输入控件的标签名修改为"红外每通道采样数",并将其输出端连接至"采样时钟"函数的"每通道采样数"输入端;将输入控件"采样率"控件的标签改为"红外采样率(Hz)",如图 3-23 所示。

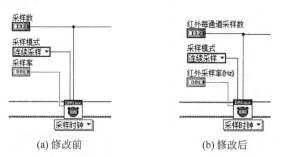

(a) 修改前　　　　　(b) 修改后

图 3-23　修改"采样数"输入控件的标签名

4）数据采集部分的修改

修改数据采集部分时需要将两个范例的这两个结构整合为一部分,在此基础上进行修改。修改前后的数据采集部分如图 3-24 所示。

（1）删除一个"While 循环"函数,将其内部的部分粘贴至另一个循环内,并将原来的线重新接在原位,如图 3-25 所示。

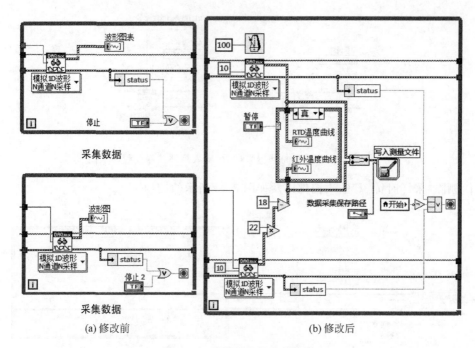

(a) 修改前　　　　　　　　　　　　　　　(b) 修改后

图 3-24　数据采集部分的修改

（2）添加一个"等待下一个整数倍毫秒"控件来控制循环执行速率。在程序框图界面空白处右击，在弹出选项面板中的"编程/定时"子选项面板中可找到该函数，并设置循环周期为 100ms，如图 3-26 所示。

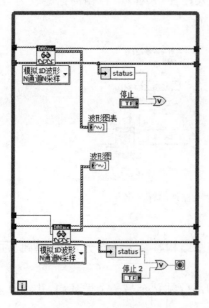

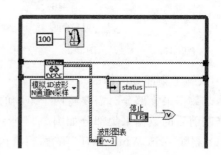

图 3-25　两个循环合并后的程序框图　　　　　　图 3-26　设置循环周期

（3）在两个"波形图表"控件的外部添加一个"条件结构"函数,删除两个 ☑ "或"函数和任意一个"停止"控件;将另一个"停止"控件与"条件结构"的"分支选择器"连接并修改标签为"暂停",结果如图 3-27(a)所示;然后右击它,并在弹出的快捷菜单中选择"属性"命令,将"关时文本"设置为"开始采集",如图 3-27(b)所示。

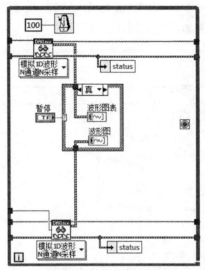

(a) 删除"或"控件后的程序框图

(b) 修改"停止"布尔控件属性

图 3-27　设置图表显示部分

(4) 创建超时常量。在"读取 VI"的"超时"接线端右击,创建常量 10,意味着当程序在 10s 内未采集到数据时将输出提示信息。丝杠前后端采集的数据必须乘以 22 再减去 18 才是实时温度。在程序框图空白处右击,依次选择"编程/数值"选项面板中的"乘"和"减"函数,然后右击两"数值"控件的对应接线端,在弹出的选项面板中选择"数值常量"图标,并进行相应的编辑,创建常量 10 和 8;并将"波形图表"和"波形图"两控件的标签分别改为"RTD 温度曲线"和"红外温度曲线",如图 3-28 所示。

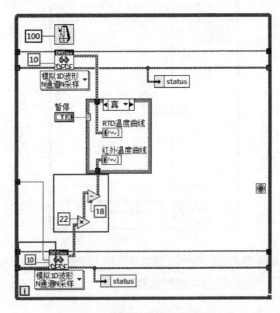

图 3-28　创建超时常量以及数值常量

(5) 创建复合运算控件。在程序框图右击,选择"编程/布尔"选项面板中的 [—▽] "复合运算"函数,并下拉至三个输入端。将其输入端连接两通道的错误输出通道分支,以及一个"开始"按钮的"局部变量";输出端连接"While 循环"的"条件接线端",然后在"局部变量"和"复合运算"函数的连线间插入一个"编程/布尔"选项面板中的"非"函数,结果如图 3-29 所示。

(6) 创建数据保存控件。在程序框图界面空白处右击,创建"文件 I/O"选项面板中的"写入测量文件"控件。在弹出的"配置写入测量文件"对话框中设置选项,如图 3-30 所示。其中,"每数据段一个段首"是指在被写入文件的每个数据段创建一个段首,适用于数据采样率因时间而改变、以不同采样率采集两个或两个以上信号、被记录的一组信号随时间而变化的情况;"仅一个段首"在被写入文件中仅创建一个段首,适用于以相同的恒定采集率采集同一组信号的情况。为了使程序更为美观,可在设置完成后右击控件,选择"显示为图标"命令。

(7) 创建数据保存路径。右击"写入测量软件"函数的"文件名"输入端,创建输入控件,并将其标签名设为"数据采集保存路径"。此控件用于设置文件的保存路径。右击此控件,

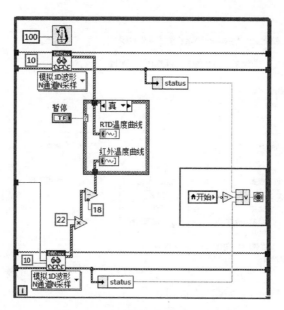

图 3-29 创建"复合运算"及其他控件

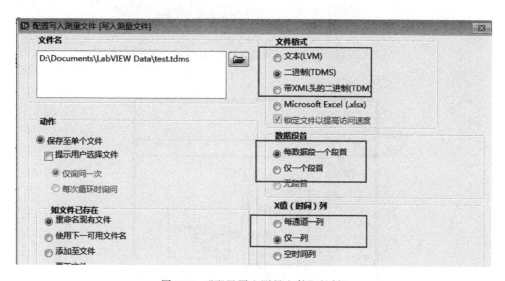

图 3-30 "配置写入测量文件"对话框

选择"属性"→"浏览选项"→"新建或现有"单选按钮,如图 3-31 所示。

(8) 创建"合并信号"控件。在程序框图界面空白处右击,选择"Express /信号操作"选项面板便可找到该函数,将其左侧的两个输入端分别连接两个通道采样,输出端连接"写入测量文件"的"信号"接线端;为了节省空间,右击"写入测量软件"控件,选择"显示为图标"命令。最终程序如图 3-32 所示。

至此,程序框图已编制完成。

图 3-31 "数据采集保存路径"控件的设置

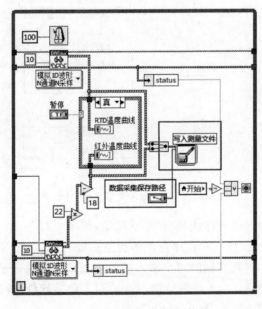

图 3-32 创建"合并信号"控件

3.2.2　滚珠丝杠副温度测量模块前面板制作

1. 切换至前面板替换和调整控件

为了前面板整体的美观和统一,如图 3-33 所示,将图中框选出的控件替换成相应的"银色"控件。选中"文件路径输入"控件后右击,选择"替换"→"银色"→"字符串与路径"→"文件路径输入"控件,然后使用同样的方法将其他控件替换为相应的"银色"控件,并将这些控件排列整齐。为了使控件位置的移动更为随意,可以在菜单栏中选择"工具"→"选项"→"前面板",并将"显示前面板网格"复选框前的"√"去掉。

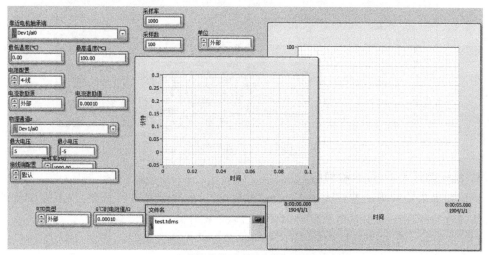

(a) 替换前的"文件路径输入"控件

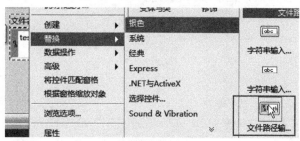

(b) 选择替换的控件

图 3-33　替换为"银色"系列控件

2. 给控件归类

如图 3-34 所示将这些控件分类,若有控件的标签未修改,则将其按照图中所示的标签修改好。控件分为五类:

(1) 两个图表控件。

(2) 五个物理通道输入控件。五个物理通道输入控件分别为"靠近电机轴承端""远离电机轴承端""工作台""丝杠前端"和"丝杠后端"。

（3）RTD参数设置。主要有"最低温度（℃）""最高温度（℃）""电阻设置""电流激励源""电流激励值/A""单位""0℃时电阻值/Ω""RTD类型""RTD每通道采样"和"RTD采样率（Hz）"。

（4）红外参数设置。主要有"红外每通道采样数""接线端设置"和"采样率"。

（5）数据采集部分。主要有"采集数据保存路径""开始采集"按钮和"暂停"按钮。

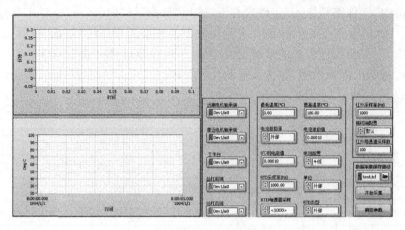

图 3-34　整理控件

3. 统一控件大小、位置和间隔

此时前面板中同类的控件大小不一，间隔不均匀，下面对此进行调整，以五个物理通道控件为例进行说明。选中五个物理通道并进行以下操作：

（1）左对齐。单击工具栏中的 ![图标] "对齐对象"→"左边缘"图标，如图 3-35 所示。

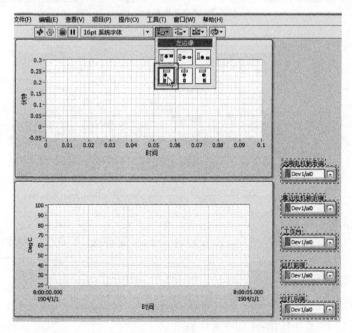

图 3-35　控件左对齐

（2）等间隔。单击工具栏中的⊞⏷"分布对象"→"垂直中心"图标，如图 3-36 所示。

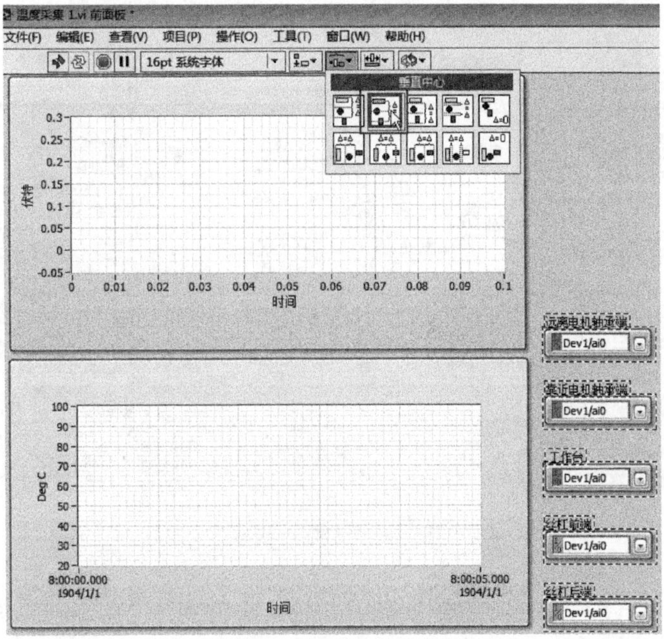

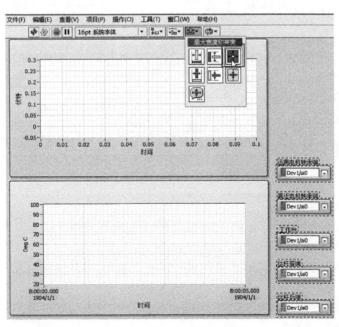

图 3-36　设置控件间等间隔

（3）等宽和等高。单击工具栏中⊞⏷"调整对象大小"→"最大宽度和高度"图标，如图 3-37 所示。

图 3-37　设置控件等宽等高

五个物理通道输入控件调整后最终的状态如图 3-38 所示。

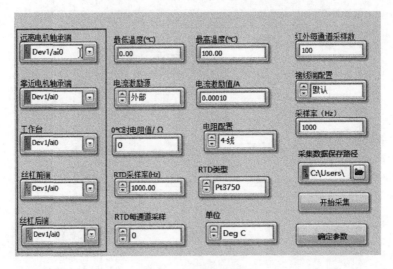

图 3-38　调整后状态

（4）对其他同类控件进行相同操作，并调整控件位置。最终结果如图 3-39 所示。

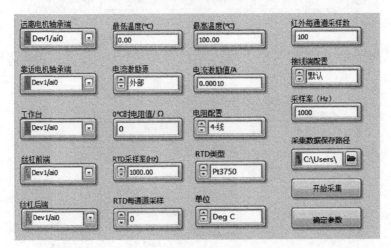

图 3-39　调整完成后图示

4．添加修饰控件

（1）打开"电压-连续输入"范例，选中前面板中的修饰控件并进行复制，然后粘贴到滚珠丝杠副温度测量模块的前面板上，如图 3-40 所示。

（2）选中修饰控件，拖动其右下角调整至适当大小，并将其移动至五个物理通道之上，如图 3-41 所示。

（3）选中修饰控件，单击工具栏中的 ⬡▾ "重新排序"图标，选择"移至后面"命令将其移至控件后面，如图 3-42 所示。

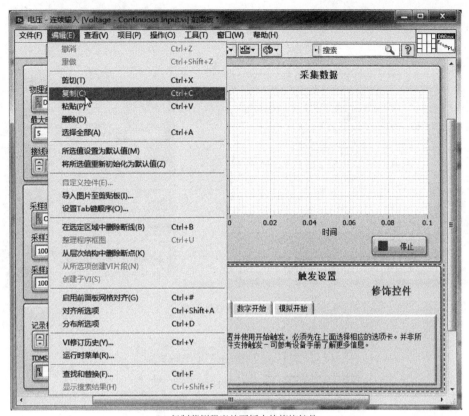

(a) 复制范例程序前面板中的修饰控件

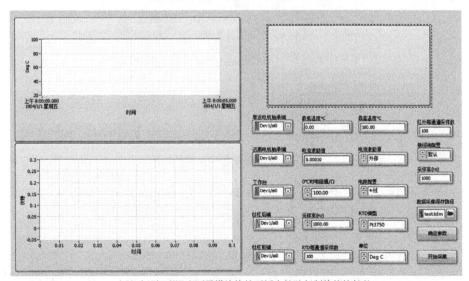

(b) 在滚珠丝杠副温度测量模块的前面板中粘贴复制的修饰控件

图 3-40　复制修饰控件

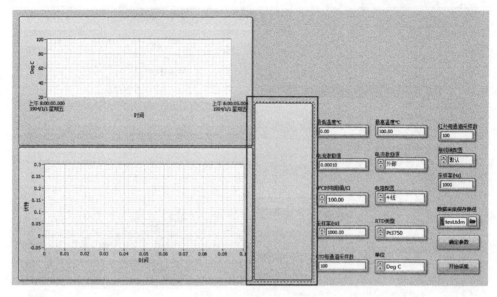

图 3-41　调整修饰控件

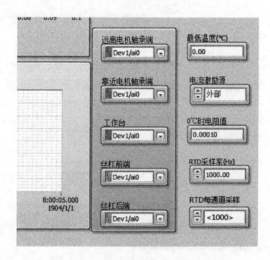

图 3-42　将修饰控件移至控件后面

　　（4）将前面板的修饰控件复制多个，分别修饰"RTD 温度参数设置""红外参数设置""图片""数据采集"和"标题"板块。重复上一步操作，最终的效果如图 3-43 所示。

5．添加文字

　　（1）在空白区域双击并输入文字"通道设置"，如图 3-44 所示。

　　（2）单击工具栏中的"应用程序字体"下拉列表框，将文字设置大小为 24，使用组合键 Ctrl＋"＝"或者 Ctrl＋"－"放大或缩小字体。设置颜色为蓝色，移至适当位置，如图 3-45 所示。

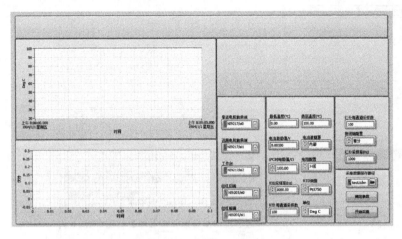

图 3-43　修饰控件调整完成　　　　　　　图 3-44　添加文字

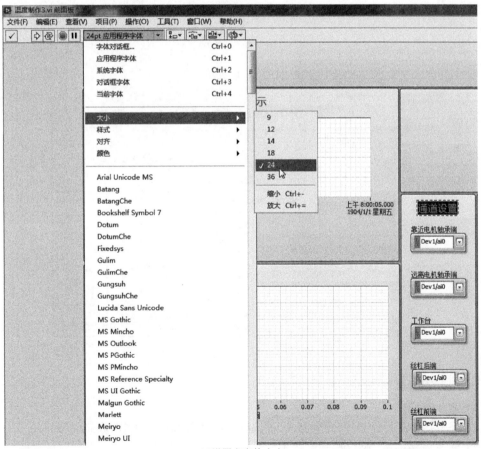

(a)设置文字的大小

图 3-45　设置字体大小和颜色

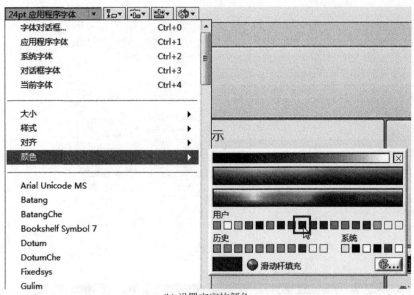

(b) 设置文字的颜色

图 3-45 （续）

整个界面文字设置后的整体效果如图 3-46 所示。

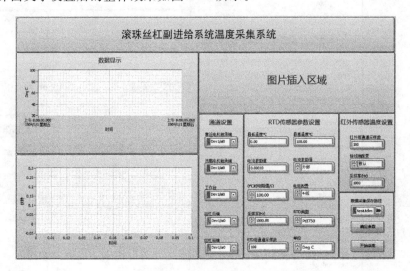

图 3-46 设置完成

6. 修改图表属性

1）进入属性窗口

在第一个图表上右击，如图 3-47 所示，选择"属性"命令，进入"图表属性"窗口。

2）修改表格的"外观"和"显示格式"

如图 3-48 所示，进行以下设置。

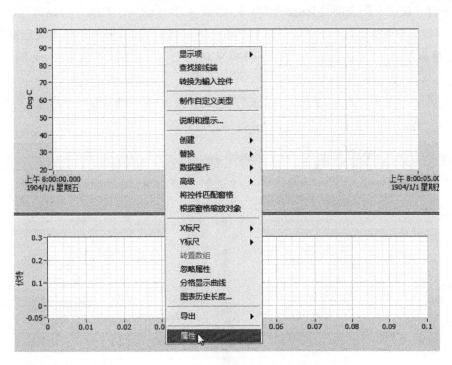

图 3-47　右击图表并选择"属性"命令

（1）"外观"选项卡。如图 3-48(a)所示，在"显示图例""分格显示曲线"和"根据曲线名自动调节大小"复选框前打"√"；曲线显示的数目设置为 3。

（2）"显示格式"选项卡。如图 3-48(b)所示，将时间类型设置为"绝对时间"；自定义时间格式设置为 HH:MM:SS，并"不显示日期"。

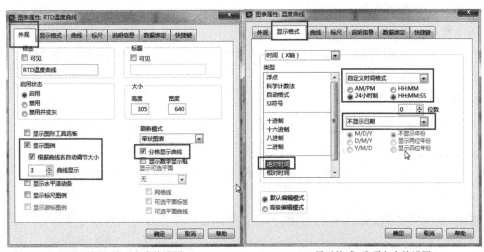

(a)"外观"选项卡中的设置　　　　　(b)"显示格式"选项卡中的设置

图 3-48　编辑图表的属性

（3）打开第二个图表的"图标属性"命令，如图 3-49(a)所示，无法分格显示曲线。所以复制第一个图表来替换第二个图表。复制后打开其属性对话框，将显示的曲线数目改为 2，并将"分格显示曲线"复选框前的"√"去掉再重新选中，这一步操作很重要，如图 3-49(b)所示。

分别在两个图表上右击，选择"显示项"命令，将"图例"复选框前的"√"去掉。切换到程序框图，将"波形图表"控件的标签修改为"红外温度曲线"。

(a)"图形属性：红外温度曲线"对话框   (b)"图表属性：温度曲线2"对话框

图 3-49　编辑两个图表的属性

3）修改两个图表的纵坐标名称

在纵坐标上双击进入编辑模式，如图 3-50 所示。从上至下，文字依次为"靠近电机轴承端温度℃""工作台温度℃""远离电机轴承端温度℃""丝杠前端温度℃"和"丝杠后端温度℃"。

7. 插入图片

（1）在菜单栏中选择"编辑"→"导入图片至剪贴板"命令，如图 3-51 所示。

（2）选择指定的图片导入，如图 3-52 所示。

（3）使用组合键 Ctrl＋V 将图片粘贴至前面板，并调整图片大小，移至指定区域。效果如图 3-53 所示。

至此，温度测量的程序已全部完成，连接相应的硬件设备即可采集温度。

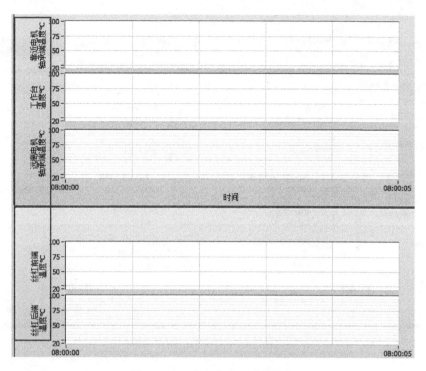

图 3-50 双击文字进入编辑模式

图 3-51 插入图片

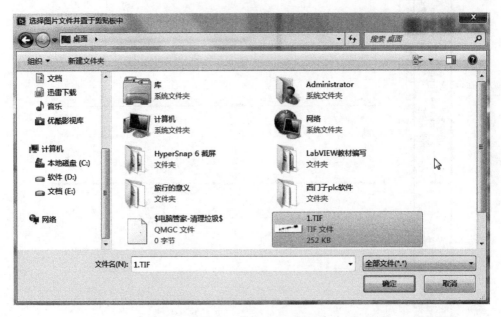

图 3-52　导入指定图片

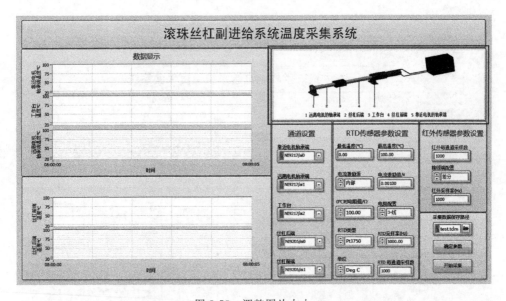

图 3-53　调整图片大小

第 4 章

滚珠丝杠副输入扭矩测量模块

滚珠丝杠副输入扭矩即是与丝杠连接的伺服电机输出的扭矩,此扭矩数值是用来计算滚珠丝杠副传递效率的重要参数之一。滚珠丝杠副输入扭矩的测量需要考虑电压与扭矩的转换关系。

4.1 滚珠丝杠副输入扭矩测量模块程序编制说明

1. 滚珠丝杠副输入扭矩测量模块前面板

输入扭矩测量模块的前面板由四部分组成:数据显示、参数设置、文字图片装饰和数据采集,如图 4-1 所示。

"数据显示"部分为"波形图表"控件;"通道参数设置"部分包括"数值输入控件""DAQmx 物理通道"和"文本下拉列表"控件;"定时参数设置"部分包括"DAQmx 物理通道""数值输入控件"和"数值显示控件";"扭矩传感器参数设置"部分为"文本下拉列表"控件和"空白按钮";"数据采集"部分包括"文件路径输入控件""播放按钮"和"停止按钮"。

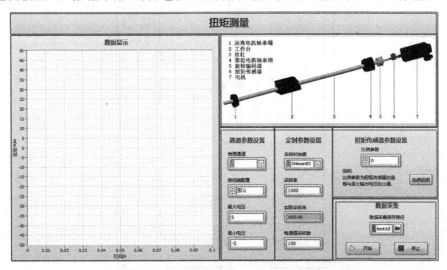

图 4-1　滚珠丝杠副输入扭矩测量模块前面板

2. 滚珠丝杠副输入扭矩测量模块程序框图

本 VI 使用"While 循环"和"Case 结构"作为设计框架,使用 NI 自带的"DAQmx-数据采集"模块作为主体部分,主要分为通道设置、定时设置和数据采集三大部分。其中包括"DAQmx 创建通道""DAQmx 定时""DAQmx 开始任务""DAQmx 读取""DAQmx 停止任务""DAQmx 清除任务"等一系列函数。同时在参考范例的基础上,修改数据记录的方式,使用"写入测量文件"函数来完成数据的记录。具体的程序框图如图 4-2 所示。

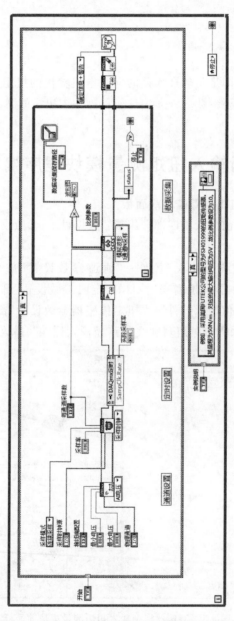

图 4-2　滚珠丝杠副输入扭矩测量模块程序框图

4.2 滚珠丝杠副输入扭矩测量模块程序编制步骤

4.2.1 滚珠丝杠副输入扭矩测量模块程序框图编制

1. 查找合适的范例

扭矩测量使用扭矩传感器,通过联轴器连接在丝杆和电机轴之间,采集到电压信号,所以可以参考范例"电压-连续输入";打开"帮助"菜单下的"查找范例"命令,通过任务浏览方式找到该范例,如图4-3所示。

图4-3 查找范例

2. "While 循环"和"条件结构"的联合使用

(1)创建外部循环结构。新建 VI,在程序框图右击,在弹出的快捷菜单中选择"编程/结构"选项面板中的"While 循环"和"条件结构",如图4-4所示。

(2)创建开始按钮。切换至前面板,在空白处右击,进入"控件"选项面板并选择"银色"和"布尔"子选项面板中的"空白按钮"控件。右击控件,设置"机械动作"为"单击时转换";右击选择"属性",取消选中"标签"组下的"可见"复选框,将"标签名"改为"开始";选择"显

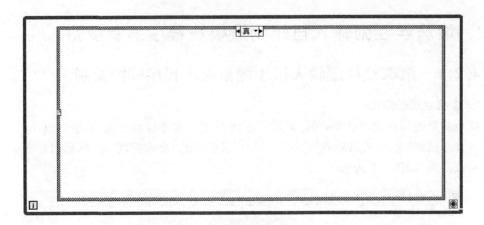

图 4-4　创建外部循环结构

示布尔文本""多字符串显示"复选框,并将"开时文本"设置为"重设参数",将"关时文本"设置为"确定参数",如图 4-5 所示。

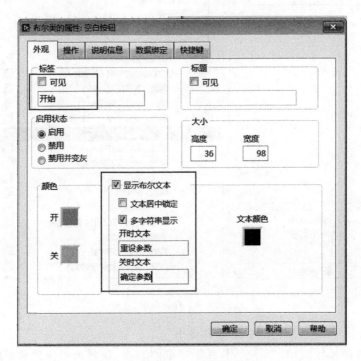

图 4-5　"空白按钮"控件的属性设置

切换至程序框图,将"开始"控件与"条件结构"的"分支选择器"连接,如图 4-6 所示。
(3) 将"电压-连续输入"的程序框图复制到"条件结构"的"真"分支中,如图 4-7 所示。

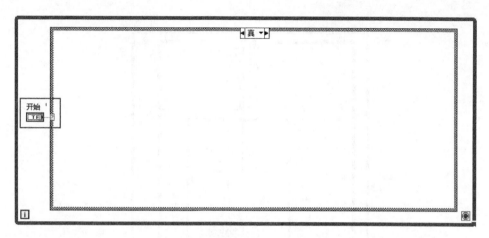

图 4-6　连接"开始"控件与"条件结构"的分支选择器

3．修改范例

1）删除"记录设置"与"触发设置"

删除如图 4-8(a)框出的函数和控件，并重新连线。最后结果如图 4-8(b)所示。

2）修改"通道设置"与"定时设置"

"通道设置"部分无须修改。在"定时设置"部分将"采样数"修改为"每通道采样数"，如图 4-9 所示。

3）修改数据采集部分

(1) 扭矩传感器采集的数据需要乘以一个比例参数，在"波形图表"控件前面插入一个"乘"函数。在程序框图界面空白处右击，选择"编程/数值"选项面板中的▷"乘"控件，然后在"乘"函数接线端右击，并创建"输入控件"，修改标签为"比例参数"。连接如图 4-10 所示。

(2) 创建数据保存控件。在程序框图界面空白处右击，选择"编程"→"文件 I/O"子选项面板中的"写入测量文件"控件，弹出"配置写入测量文件"对话框。设置选项如图 4-11 所示。

(3) 创建数据保存路径。右击"写入测量软件"函数的"文件名"输入端口创建输入控件，标签名设为"数据采集保存路径"，用来设置文件的保存路径。右击此控件，在弹出的快捷菜单中选择"属性"命令，选择"浏览选项"选项卡中的"新建或现有"单选按钮，如图 4-12 所示。

路径一般设置为图 4-12 中的位置，为了节省空间，右击"写入测量软件"函数，在弹出的快捷菜单中选择"显示为图标"命令。结果如图 4-13 所示。

(4) 创建一个"条结构件"，添加一个实例说明，如图 4-14 所示。在其"真"分支内创建▣"单按钮对话框"控件，在程序框图空白处右击，选择"编程/对话框与用户界面"选项面板中的该控件，并在其"消息"接线端创建常量，将其内容修改为"例如，采用美国 FUTEK 公

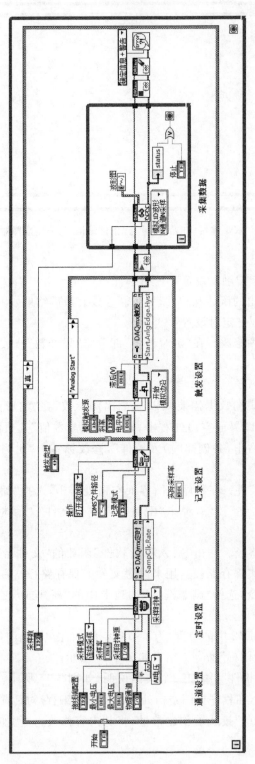

图 4-7 复制"电压-连续输入"的程序框图

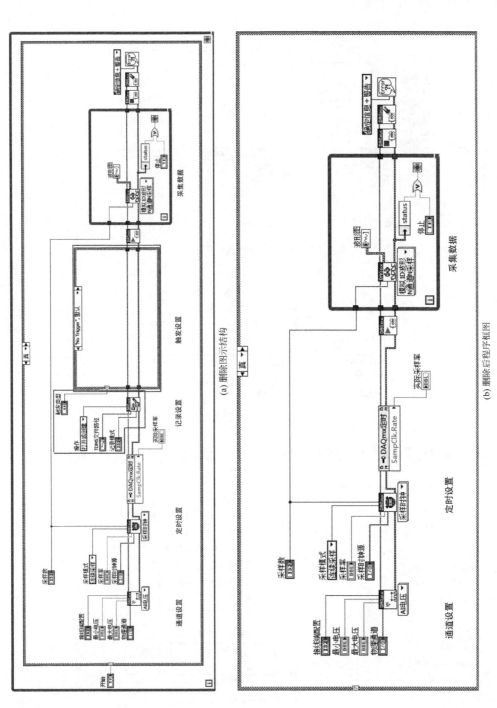

图 4-8 删除部分程序框图

司的型号为 FSH01999 的扭矩传感器。其量程为 50N/m，对应的最大输出电压为 5V，故比
例参数设为 10"，如图 4-14 所示。

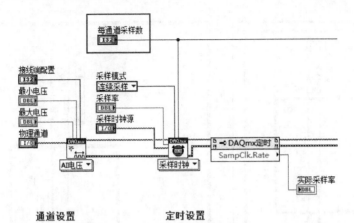

图 4-9　修改部分通道设置

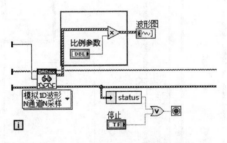

图 4-10　添加一个比例参数

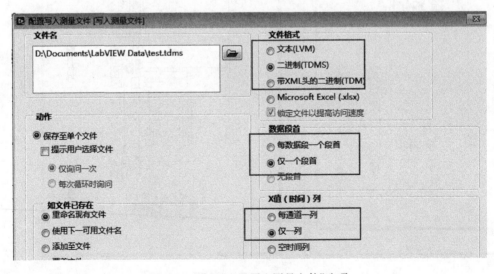

图 4-11　设置"配置写入测量文件"选项

图 4-12　数据采集保存路径设置

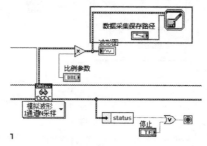

图 4-13　创建"写入测量软件"控件的输入控件

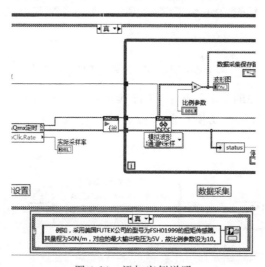

图 4-14　添加实例说明

（5）切换至前面板，在空白处右击，在弹出的快捷菜单中选择"银色/布尔"子选项面板中的"空白按钮"控件，右击控件，在弹出的快捷菜单中选择"属性"命令，按如图 4-15(a)所示修改。切换至程序框图，将控件与"条件结构"的"分支选择器"连接，如图 4-15(b)所示。

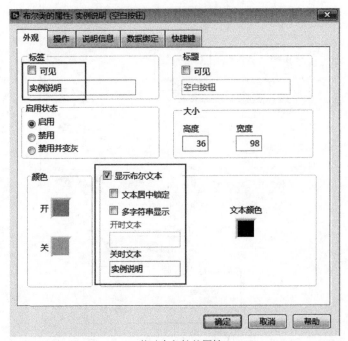

(a) 修改布尔控件属性

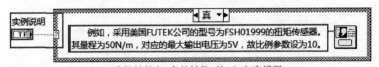

(b) 连接控件与"条件结构"的"分支选择器"

图 4-15 创建"实例说明"控件并连线

（6）创建"停止"控件的"局部变量"并将其转换为读取后与"While 循环"的"条件接线端"连接，如图 4-16 所示。切换至前面板，设置"停止按钮"控件的机械动作为"单击时转换"。

图 4-16 创建"停止"控件的"局部变量"

4.2.2　滚珠丝杠副输入扭矩测量模块前面板制作

1. 替换控件

切换至前面板,将图 4-17(a)中框出的控件替换成相应的银色控件,选中控件右击,在弹出的快捷菜单中选择"替换"→"银色"→"数值"→"数值输入控件"图标。此外,为了使控件位置的移动更为随意,可以在菜单栏中选择"工具"→"选项"→"前面板",取消选中"显示前面板网格"复选框,如图 4-17(b)所示。

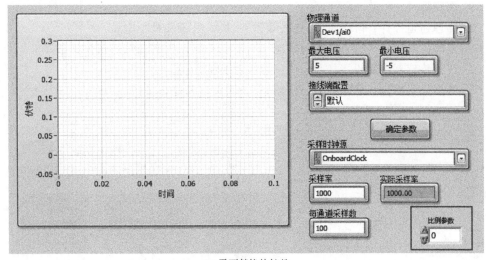

(a) 需要替换的控件

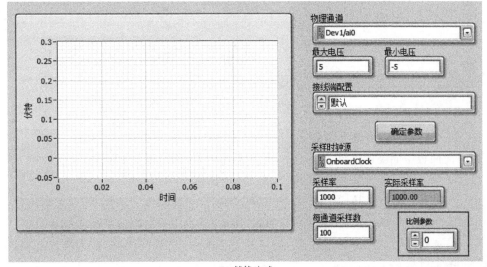

(b) 替换完成

图 4-17　替换为银色控件

然后右击"确定参数"控件,选择"替换"→"银色"→"布尔"→"按钮"→"播放按钮(银色)"控件,双击按钮上的"确定参数"文字,并输入"开始"。单击菜单栏中的"查看"→"工具选板"→ 🔧🖊 "设置颜色"按钮;右击前面板空白处,选择合适的背景颜色。完成后再次单击 🗙 ▬▬ "自动选择工具"按钮。

2. 给控件归类

如图 4-18 所示,将这些控件分类,若有控件的标签未修改,则将其按照图中所示的标签修改好。控件分为五类:

(1) 图表控件。

(2) 物理通道控件:物理通道、接线端设置、最大电压和最小电压。

(3) 定时参数设置控件:采样时钟源、采样率、实际采样率和每通道采样数。

(4) 扭矩传感器参数设置控件:比例参数和实例说明。

(5) 数据采集控件:采集数据保存路径、开始按钮和停止按钮。

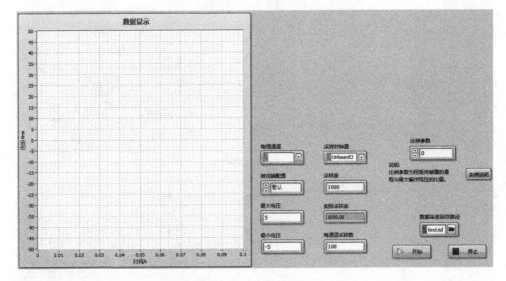

图 4-18 控件分类

3. 统一控件大小、位置和间隔

此时前面板中同类的控件大小不一,间隔不均匀,下面对此进行调整,以 4 个物理通道控件进行说明。选中 4 个物理通道,然后进行以下操作。

(1) 左对齐。单击工具栏中的"对齐对象"选择 🔲▼ "左边缘",如图 4-19 所示。

(2) 等间隔。选择工具栏 🔲▼ "分布对象"中的"垂直中心"命令,如图 4-20 所示。

(3) 等宽和等高。单击工具栏中 🔳▼ "调整对象大小"选项中的"最大宽度和高度"按钮,如图 4-21 所示。

4 个物理通道输入控件调整后最终的状态如图 4-22 所示。

(4) 对其他同类控件进行相同操作,并调整控件位置。结果如图 4-23 所示。

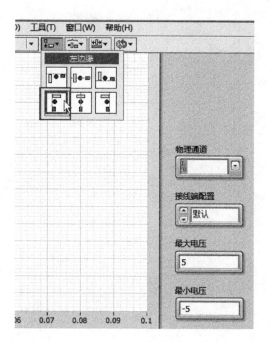

图 4-19 左对齐控件

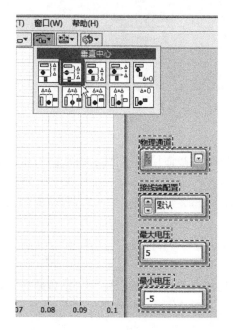

图 4-20 设置等间隔

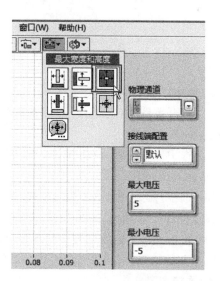

图 4-21 设置等宽等高

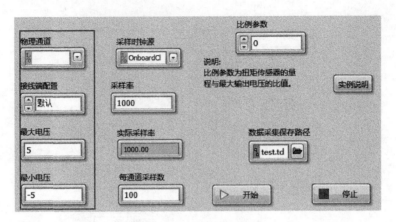

图 4-22　部分调整完成

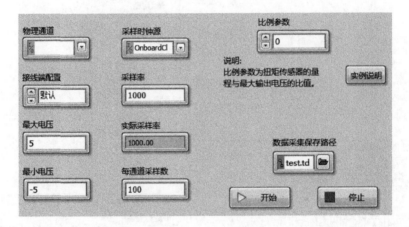

图 4-23　全部调整完成

4．添加修饰控件

(1) 打开范例"电压-连续输入"并复制前面板中的修饰控件,粘贴到扭矩测量模块的前面板上,如图 4-24 所示。

(2) 选中修饰控件,拖动其右下角调整大小,将修饰控件调整为 4 个物理通道的大小之和,并移至其上,如图 4-25 所示。

(3) 选中修饰控件,单击工具栏中的 ⚙️▾ "重新排序"下拉列表,选择"移至后面"命令,将其移至控件后面,如图 4-26 所示。

(4) 将前面板上的修饰控件复制多个,分别修饰"定时度参数设置""扭矩传感器参数设置""图片""数据采集"和"标题"板块。重复上一步的操作,最终的效果如图 4-27 所示。

5．添加文字

(1) 在空白区域双击创建文字"通道设置",如图 4-28 所示。

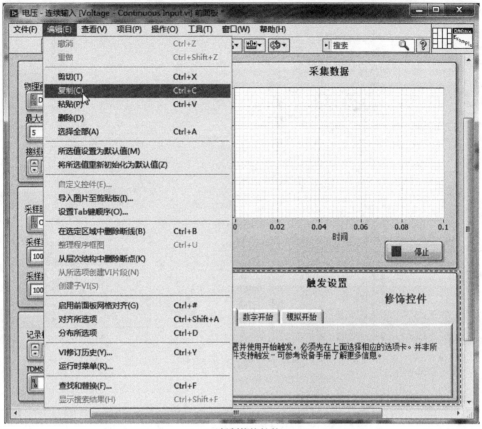

(a) 复制修饰控件

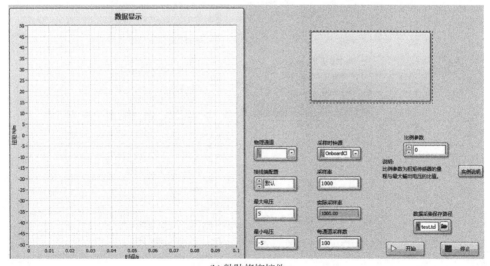

(b) 粘贴修饰控件

图 4-24　添加修饰控件

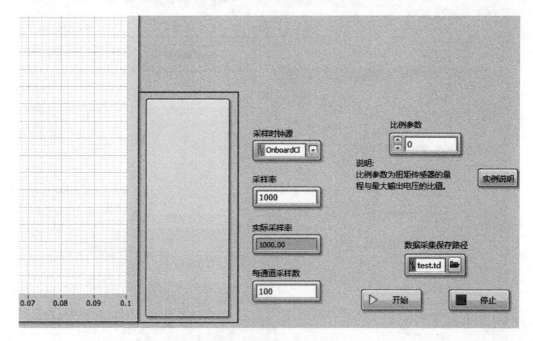

图 4-25　调整修饰控件

图 4-26　将控件"移至"修饰控件后面

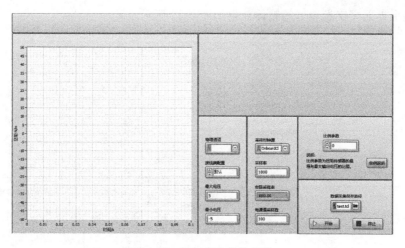

图 4-27 添加多个修饰控件

图 4-28 创建文字

（2）单击工具栏中的"应用程序字体"命令，将文字大小设置为 24，使用组合键 Ctrl＋
"＝"或者 Ctrl＋"－"放大或缩小字体，颜色为蓝色，移至合适位置，如图 4-29 所示。

图 4-29 设置文字颜色和大小

（3）整个界面文字设置好的整体效果如图 4-30 所示。

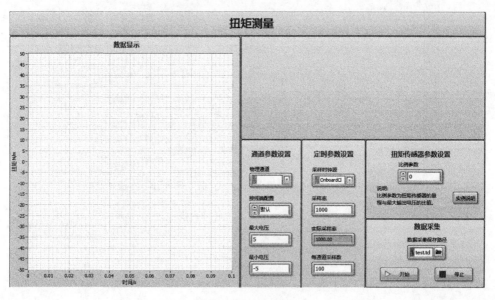

图 4-30　调整完成

6. 修改图表的横纵坐标名称

双击坐标进入编辑模式,如图 4-31 所示,纵坐标修改为"扭矩 N/m",横坐标修改为"时间/s"。

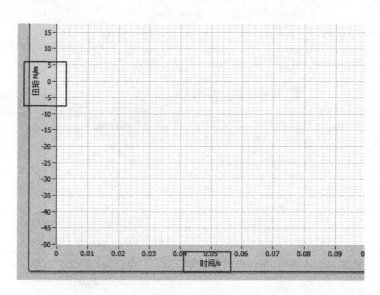

图 4-31　修改图表的横纵坐标名称

7. 插入图片

（1）在菜单栏选择"编辑"→"导入图片至剪贴板"命令，如图 4-32 所示。

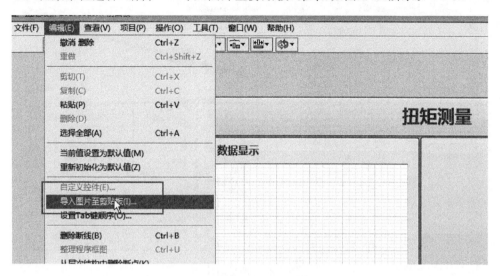

图 4-32　选择"导入图片至剪贴板"命令

（2）浏览并选择指定的图片，如图 4-33 所示。

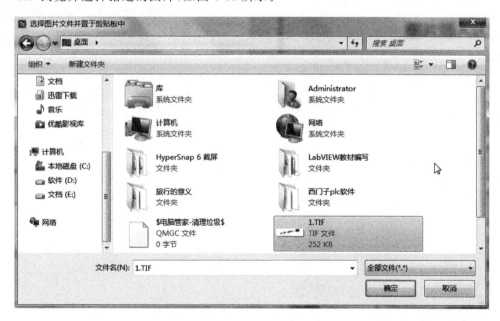

图 4-33　选择图片

（3）使用组合键 Ctrl＋V 将图片粘贴至前面板，并调整图片大小，移至指定区域。结果如图 4-34 所示。

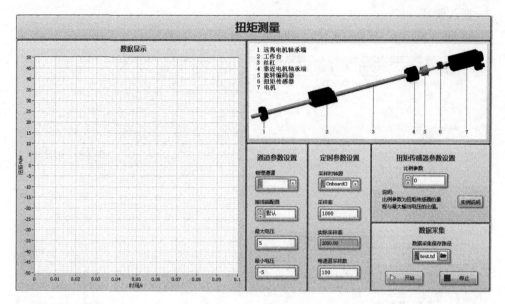

图 4-34　调整图片

到此,滚珠丝杠副输入扭矩测量模块已制作完成。

第 5 章 滚珠丝杠副振动测量模块

伴随高速化的发展,滚珠丝杠副的振动问题越加突出。滚珠丝杠副的振动不仅能产生污染环境的噪声,还会直接影响滚珠丝杠进给系统的跟踪精度。滚珠丝杠副的振动通常采用加速度传感器进行测量。

5.1 滚珠丝杠副振动测量模块程序编制说明

1. 滚珠丝杠副振动测量模块前面板

本实例的前面板界面如图 5-1 所示:"通道设置"部分为 3 个"DAQmx 物理通道"控件;"参数设置"部分包括 4 个"数值输入"控件和 3 个"文本下拉列表"控件;"定时设置"部分包括 2 个"数值输入"控件、1 个"DAQmx 接线端"以及 1 个"数值显示"控件;"数据采集"部分包括 1 个"文件路径输入"控件和 2 个"布尔"控件;"数据显示"部分为 1 个"波形图表"显示控件。

2. 滚珠丝杠副振动测量模块程序框图

程序框图用于程序的构建,通过在框图上放置函数、子 VI 和结构来创建具体的程序。本实例的程序框图如图 5-2 所示。

本 VI 使用"While 循环"和"Case 结构"作为设计框架,以 NI 自带的"DAQmx-数据采集"模块作为主体部分。其中包括"DAQmx 创建通道""DAQmx 定时""DAQmx 开始任务""DAQmx 读取""DAQmx 停止任务""DAQmx 清除任务"等函数。同时在参考范例的基础上修改数据记录的方式,使用"写入测量文件"函数来完成数据的记录。具体的实现方法,请参看后面的操作步骤。

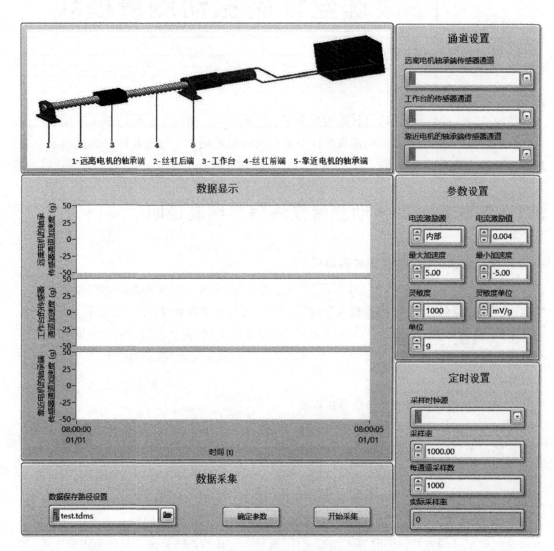

图 5-1　滚珠丝杠副振动测量模块前面板

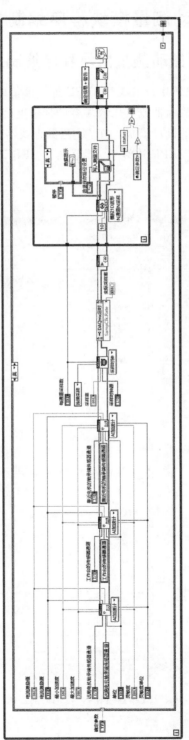

图 5-2 滚珠丝杠副振动测量模块程序框图

5.2 滚珠丝杠副振动测量模块程序编制步骤

5.2.1 滚珠丝杠副振动测量模块程序编制思路

考虑到 LabVIEW 的 NI 范例中已有关于 IEPE 加速度传感器数据的采集 VI,IEPE 加速度传感器是指一种自带电量放大器或电压放大器的加速度传感器,可以使用范例中此 VI 为振动测量程序提供一个初步的设计模板。在 NI 范例查找器中,依次选择"硬件输入与输出"→DAQmx→"模拟输入"→"IEPE-连续输入"范例。"IEPE-连续输入"范例的前面板和程序框图如图 5-3 和图 5-4 所示。

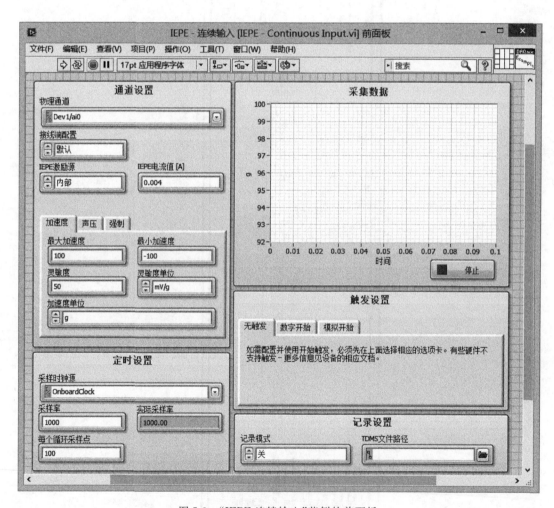

图 5-3 "IEPE-连续输入"范例的前面板

图 5-4　"IEPE-连续输入"范例的程序框图

5.2.2　滚珠丝杠副振动测量模块程序框图编制

1. 创建基础框架及通道设置

（1）新建 VI。类似于第 2 章"可乐自动贩售机"的程序框图。此处也采用了"While 循环"和"Case 结构"函数作为程序的主体框架。切换至程序框图，依次创建"While 循环"和"条件结构"，将它们放置在程序框图合适的位置。结果如图 5-5 所示。

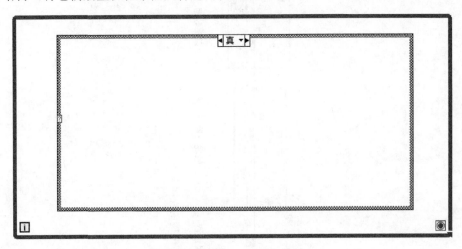

图 5-5　创建"循环结构"函数

（2）设置"条件结构"的条件以及控件显示样式。在"条件结构"的"分支选择器"处右击，在弹出的快捷菜单中选择"创建输入控件"命令。双击"布尔"控件的"标签"，将其修改为"确定参数"，结果如图 5-6 所示。

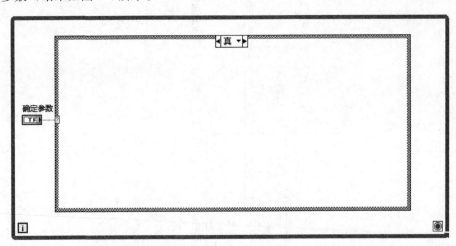

图 5-6　创建输入控件

切换至前面板，右击"确定参数"控件，在弹出的快捷菜单中选择"替换"→"银色"→"布尔"→"空白按钮（银色）"控件，隐藏控件的"标签"，"确定参数"控件显示为 ▭，如图 5-7 所示。后面多处使用该命令，此处截图作为提示，后面仅以文字说明。

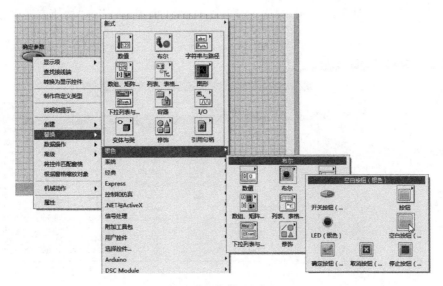

图 5-7　隐藏控件的"标签"

右击"确定参数"控件，在弹出的快捷菜单中选择"属性"命令。在"外观"选项卡中勾选"显示布尔文本"和"多字符串显示"复选框，并将"开时文本"内容改为"重置参数"，将"关时文本"内容改为"确定参数"，如图 5-8 所示。最终"确定参数"控件显示为 ▭。

图 5-8　设置布尔控件参数

（3）创建"DAQmx 创建虚拟通道"函数并设置参数。如图 5-9 所示，在程序框图空白处右击，进入"编程"选项面板，选择"函数"→"测量 I/O"→"DAQmx-数据采集"→"DAQmx 创建虚拟通道"函数，放置在"条件结构"的"真"分支内。"DAQmx 创建虚拟通道"函数的默认设置为"电压"。如图 5-10 所示，单击下拉箭头，选择"模拟输入"→"加速度"→"加速计"选项。

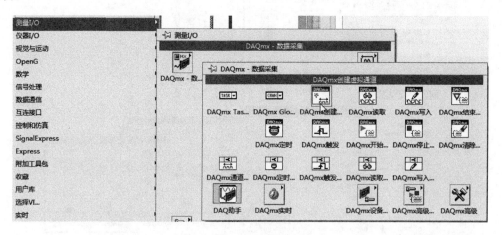

图 5-9　创建虚拟通道

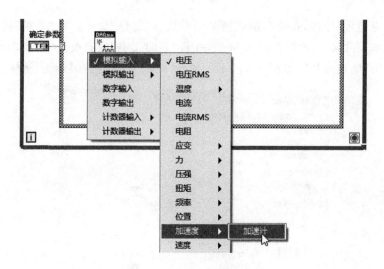

图 5-10　设置模拟输入

（4）为"DAQmx 创建虚拟通道（AI-加速度-加速计）"函数的"物理通道"接线端设置参数并更改其输入控件显示样式。如图 5-11 所示，将鼠标放置在"DAQmx 创建虚拟通道（AI-加速度-加速计）"函数的"物理通道"接线端，待出现"物理通道"的文本时右击，在弹出的快捷菜单中选择"创建"→"输入控件"命令，如图 5-12 所示。

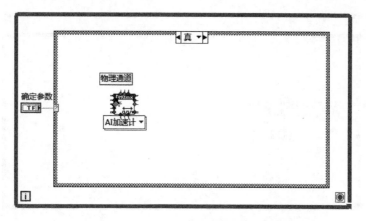

图 5-11　设置"物理通道"函数的接线端参数

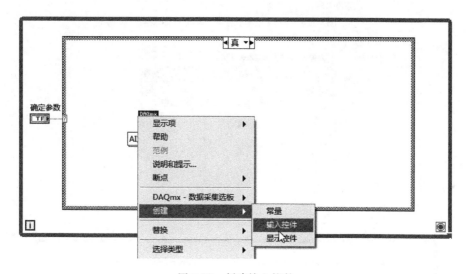

图 5-12　创建输入控件

如图 5-13 所示,双击"物理通道"函数的标签名,改为"远离电机轴承端传感器通道"。

更改控件的显示样式。双击"远离电机轴承端传感器通道"控件,切换至前面板。与更改"确定参数"控件显示样式的操作类似。在控件上右击,在弹出的快捷菜单中选择"替换"→"银色"→I/O→"DAQmx 名称控件"→"DAQmx 物理通道(银色)"控件。如图 5-14 所示,在控件上右击,在弹出的快捷菜单中选择"显示项"菜单项,取消勾选"标题"复选框。勾选"标签"复选框。完成操作后"远离电机轴承端传感器通道"控件的显示结果为 [远离电机轴承端传感器通道⬚]。

(5) 为"DAQmx 创建虚拟通道(AI-加速度-加速计)"函数的"分配名称"接线端设置参数。将鼠标放置在"DAQmx 创建虚拟通道(AI-加速度-加速计)"函数的"分配名称"接线端,待出现"分配名称"文本时右击,在弹出的快捷菜单中选择"创建"→"常量"命令。双击"字符串常量",输入"远离电机轴承端传感器通道"。完成操作后显示如图 5-15 所示的程序框图。

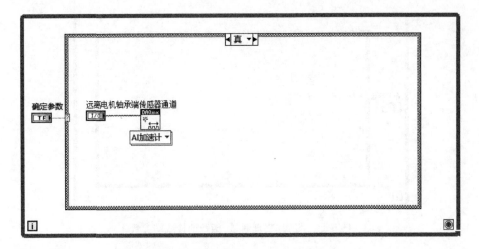

图 5-13 修改"物理通道"函数的标签名

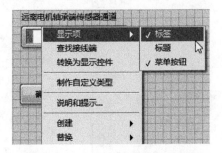

图 5-14 更改控件的显示样式

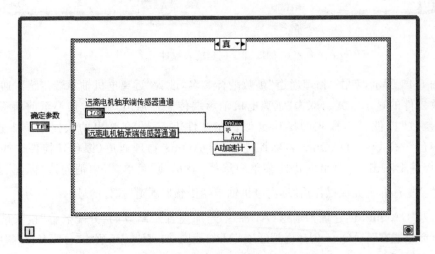

图 5-15 添加"字符串常量"

（6）为"DAQmx 创建虚拟通道（AI-加速度-加速计）"函数的"单位"接线端设置参数并更改其输入控件显示样式。将鼠标放置在"DAQmx 创建虚拟通道（AI-加速度-加速计）"函数的"单位"接线端上，待出现"单位"的文本时右击，在弹出的快捷菜单中选择"创建"→"输入控件"命令。双击控件"标签"，将其修改为"单位"。完成操作后显示如图 5-16 所示的程序框图。

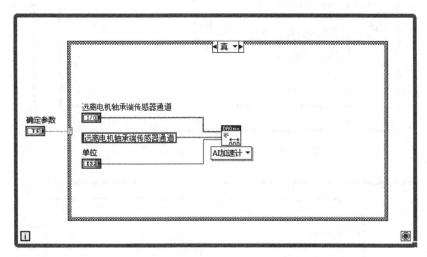

图 5-16　设置"单位"接线端的参数

更改控件显示样式。双击"单位"控件，切换至前面板。右击控件，在弹出的快捷菜单中选择"替换"→"银色"→"下拉列表与枚举"→"文本下拉列表（银色）"控件。完成操作后"单位"控件的显示结果为 ▦g 。

（7）为"DAQmx 创建虚拟通道（AI-加速度-加速计）"函数的"最大值"接线端设置参数并更改其输入控件显示样式。将鼠标放置在"DAQmx 创建虚拟通道（AI-加速度-加速计）"函数的"最大值"接线端，待出现"最大值"的文本时右击，在弹出的快捷菜单中选择"创建"→"输入控件"命令。双击控件的"标签"将其修改为"最大加速度"。完成操作后显示如图 5-17 所示的程序框图。

更改控件显示样式。双击"最大加速度"控件，切换至前面板。右击控件，在弹出的快捷菜单中选择"替换"→"银色"→"数值"→"数值输入控件（银色）"控件。再次右击控件，在弹出的快捷菜单中选择"显示项"菜单项，取消勾选"标题"复选框并勾选"标签"复选框。完成操作后"最大加速度"控件显示为 ▦5.00 。

（8）为"DAQmx 创建虚拟通道（AI-加速度-加速计）"函数的"最小值"接线端设置参数并更改其输入控件显示样式。将鼠标放置在"DAQmx 创建虚拟通道（AI-加速度-加速计）"函数的"最小值"接线端，待出现"最小值"的文本时右击，在弹出的快捷菜单中选择"创建"→"输入控件"命令。双击控件的"标签"，将其修改为"最小加速度"。完成操作后的程序框图如图 5-18 所示。

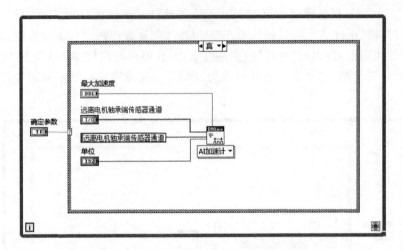

图 5-17　设置函数的"最大值"接线端参数

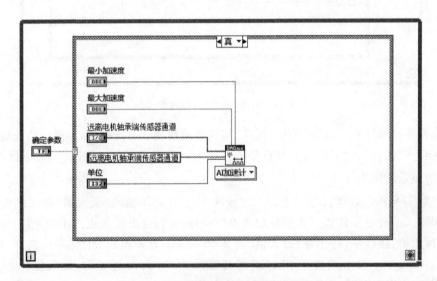

图 5-18　设置函数的"最小值"接线端参数

　　更改控件显示样式。双击"最小加速度"控件,切换至前面板。右击控件,在弹出的快捷菜单中选择"替换"→"银色"→"数值"→"数值输入控件(银色)"控件。再次右击控件,在弹出的快捷菜单中选择"显示项"菜单项,取消勾选"标题"复选框,勾选"标签"复选框。完成操作后"最小加速度"控件的显示结果为 。

　　(9) 为"DAQmx 创建虚拟通道(AI-加速度-加速计)"函数的"电流激励源"接线端设置参数并更改其输入控件显示样式。将鼠标放置在"DAQmx 创建虚拟通道(AI-加速度-加速计)"函数的"电流激励源"接线端,待出现"电流激励源"文本时右击,在弹出的快捷菜单中选择"创建"→"输入控件"命令。双击控件的"标签",将其修改为"电流激励源"。完成操作后显示如图 5-19 所示的程序框图。

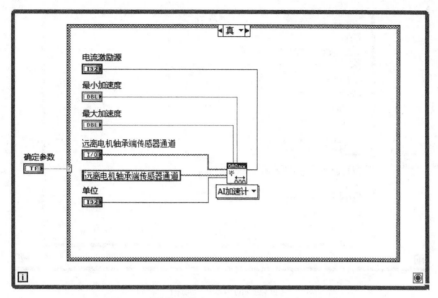

图 5-19 设置函数的"电流激励源"接线端参数

更改控件显示样式。双击"电流激励源"控件,切换至前面板。在控件上右击,在弹出的快捷菜单中选择"替换"→"银色"→"下拉列表与枚举"→"文本下拉列表(银色)"控件。完成操作后"电流激励源"控件的显示结果为 [内部]。

(10) 为"DAQmx 创建虚拟通道(AI-加速度-加速计)"函数的"电流激励值"接线端设置参数并更改其输入控件显示样式。将鼠标放置在"DAQmx 创建虚拟通道(AI-加速度-加速计)"函数的"电流激励值"接线端,待出现"电流激励值"文本时右击,在弹出的快捷菜单中选择"创建"→"输入控件"命令。双击控件的"标签",将其修改为"电流激励值"。完成操作后显示如图 5-20 所示的程序框图。

更改控件显示样式。双击"电流激励值"控件,切换至前面板。右击控件,在弹出的快捷菜单中选择"替换"→"银色"→"数值"→"数值输入控件(银色)"控件。完成操作后"电流激励值"控件的显示结果为 [0.004]。

(11) 为"DAQmx 创建虚拟通道(AI-加速度-加速计)"函数的"灵敏度"接线端设置参数并更改其输入控件显示样式。将鼠标放置在"DAQmx 创建虚拟通道(AI-加速度-加速计)"函数的"灵敏度"接线端,待出现"灵敏度"文本时右击,在弹出的快捷菜单中选择"创建"→"输入控件"命令。双击控件的"标签",将其修改为"灵敏度"。完成操作后显示如图 5-21 所示的程序框图。

更改控件显示样式。双击"灵敏度"控件,切换至前面板。右击控件,在弹出的快捷菜单中选择"替换"→"银色"→"数值"→"数值输入控件(银色)"控件。完成操作后"灵敏度"控件的显示结果为 [1000]。

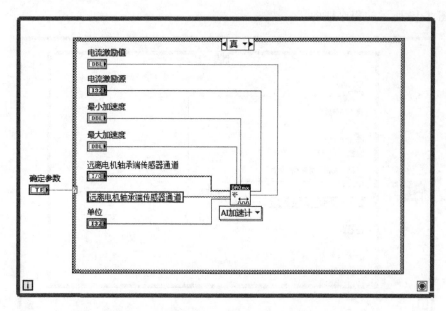

图 5-20　设置函数的"电流激励值"接线端参数

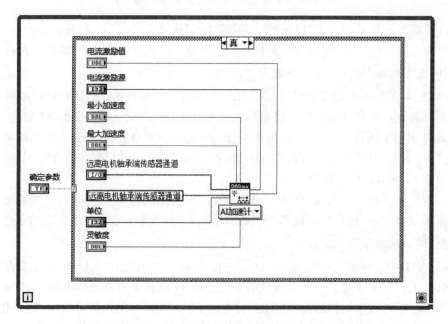

图 5-21　设置函数的"灵敏度"接线端参数

（12）为"DAQmx 创建虚拟通道（AI-加速度-加速计）"函数的"灵敏度单位"接线端设置参数并更改其输入控件显示样式。将鼠标放置在"DAQmx 创建虚拟通道（AI-加速度-加速计）"函数的"灵敏度单位"接线端,待出现"灵敏度单位"文本时右击,在弹出的快捷菜单中选择"创建"→"输入控件"命令。双击控件"标签",将其修改为"灵敏度单位"。完成操作后显示如图 5-22 所示的程序框图。

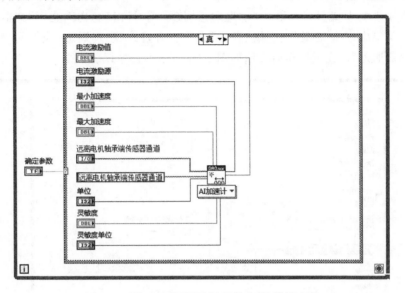

图 5-22　设置函数的"灵敏度单位"接线端参数

更改控件显示样式。双击"灵敏度单位"控件,切换至前面板。右击控件,在弹出的快捷菜单中选择"替换"→"银色"→"下拉列表与枚举"→"文本下拉列表(银色)"控件。完成操作后"灵敏度单位"控件的显示结果为 mV/g 。

（13）创建第二个加速度传感器的物理通道。和(3)的操作一样,再次创建一个"DAQmx 创建虚拟通道(AI-加速度-加速计)"函数。完成操作后显示如图 5-23 所示的程序框图。

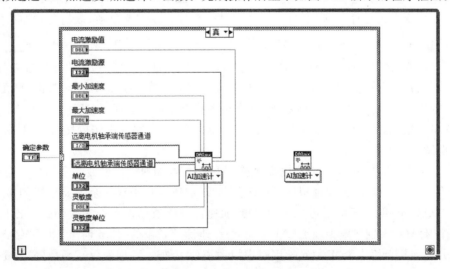

图 5-23　创建第二个加速度传感器的物理通道

（14）为第二个"DAQmx 创建虚拟通道（AI-加速度-加速计）"函数的"物理通道"接线端设置参数并更改其输入控件显示样式。和（4）的操作类似，将鼠标放置在"DAQmx 创建虚拟通道（AI-加速度-加速计）"函数的"物理通道"接线端，待出现"物理通道"文本时右击，在弹出的快捷菜单中选择"创建"→"输入控件"命令。并修改"物理通道"控件的"标签"为"工作台的传感器通道"。完成操作后显示如图 5-24 所示的程序框图。

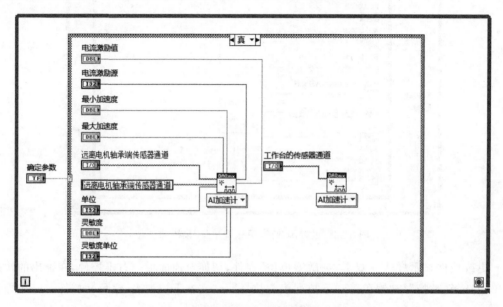

图 5-24　设置函数的"物理通道"接线端参数

更改控件的显示样式。双击"工作台的传感器通道"控件，切换至前面板。右击控件，在弹出的快捷菜单中选择"替换"→"银色"→I/O→"DAQmx 名称控件"→"DAQmx 物理通道（银色）"。再次右击控件，在弹出的快捷菜单中选择"显示项"菜单项，取消勾选"标题"复选框，勾选"标签"复选框。完成操作后"工作台的传感器通道"控件的显示结果为 ▭ 。

（15）为第二个"DAQmx 创建虚拟通道（AI-加速度-加速计）"函数的"分配名称"接线端设置参数。将鼠标放置在"DAQmx 创建虚拟通道（AI-加速度-加速计）"函数的"分配名称"接线端，待出现"分配名称"文本时右击，在弹出的快捷菜单中选择"创建"→"常量"命令。双击"字符串常量"函数，在其中输入"工作台的传感器通道"。完成操作后显示如图 5-25 所示的程序框图。

（16）为第二个"DAQmx 创建虚拟通道（AI-加速度-加速计）"函数剩余的接线端设置参数。将第二个"DAQmx 创建虚拟通道（AI-加速度-加速计）"函数剩余需要设置的接线端与第一个"DAQmx 创建虚拟通道（AI-加速度-加速计）"函数已设置的参数端进行连接，并且将第一个"DAQmx 创建虚拟通道（AI-加速度-加速计）"函数的"任务输出"以及"错误输出"接线端分别连接至第二个"DAQmx 创建虚拟通道（AI-加速度-加速计）"函数的"任务输入"和"错误输入"接线端。完成操作后显示如图 5-26 所示的程序框图。

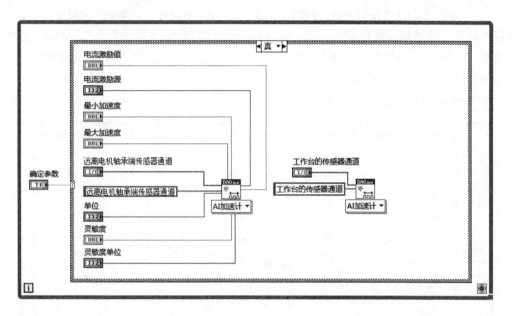

图 5-25　设置函数的"分配名称"接线端参数

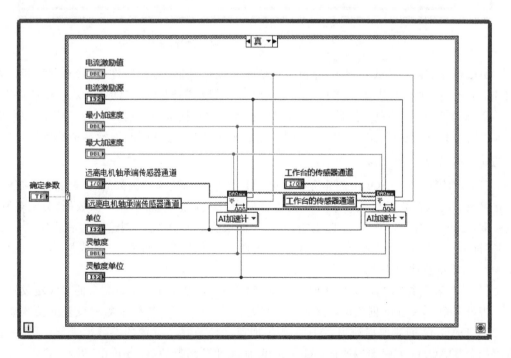

图 5-26　设置函数剩余的接线端参数

(17) 为第三个"DAQmx 创建虚拟通道(AI-加速度-加速计)"函数的"物理通道"接线端设置参数并更改其输入控件显示样式。和(14)的操作类似,将鼠标放置在"DAQmx 创建虚拟通道(AI-加速度-加速计)"函数的"物理通道"接线端,待出现"物理通道"文本时右击,在弹出的快捷菜单中选择"创建"→"输入控件"命令。并修改"物理通道"的"标签"为"靠近电机的轴承端传感器通道"。完成操作后显示如图 5-27 所示的程序框图。

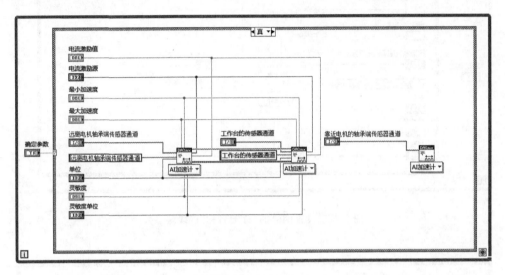

图 5-27   设置函数的"物理通道"接线端参数

更改控件的显示样式。双击"靠近电机的轴承端传感器通道"控件,切换至前面板。在控件上右击,在弹出的快捷菜单中选择"替换"→"银色"→I/O→"DAQmx 名称控件"→"DAQmx 物理通道(银色)"控件。右击控件,在弹出的快捷菜单中选择"显示项"菜单项,取消勾选"标题"复选框,勾选"标签"复选框。完成操作后"靠近电机的轴承端传感器通道"控件的显示结果为 [图标] 。

(18) 为第三个"DAQmx 创建虚拟通道(AI-加速度-加速计)"函数的"分配名称"接线端设置参数。将鼠标放置在"DAQmx 创建虚拟通道(AI-加速度-加速计)"函数的"分配名称"接线端,待出现"分配名称"文本时右击,在弹出的快捷菜单中选择"创建"→"常量"命令。双击"字符串常量"函数,在其中输入"靠近电机的轴承端传感器通道"。完成操作后显示如图 5-28 所示的程序框图。

(19) 为第三个"DAQmx 创建虚拟通道(AI-加速度-加速计)"函数剩余的接线端设置参数。将第三个"DAQmx 创建虚拟通道(AI-加速度-加速计)"函数剩余需要设置的接线端与第二个"DAQmx 创建虚拟通道(AI-加速度-加速计)"函数已设置的参数端进行连接,并且将第二个"DAQmx 创建虚拟通道(AI-加速度-加速计)"函数的"任务输出"以及"错误输出"接线端分别连接至第三个"DAQmx 创建虚拟通道(AI-加速度-加速计)"函数的"任务输入"和"错误输入"接线端。完成操作后显示如图 5-29 所示的程序框图。

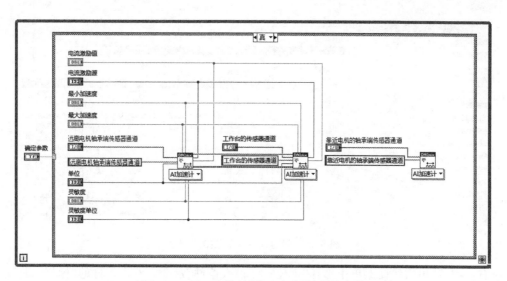

图 5-28　设置函数的"分配名称"接线端参数

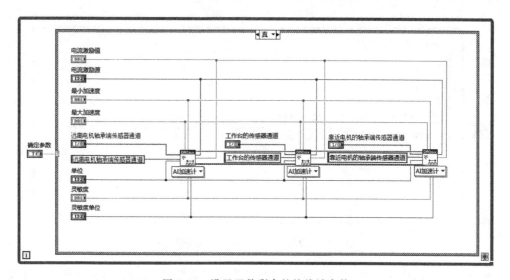

图 5-29　设置函数剩余的接线端参数

2．定时设置

（1）创建"DAQmx 定时"函数并设置参数。如图 5-30 所示，在程序框图空白处右击，进入"编程"选项面板，选择"函数"→"测量 I/O"→"DAQmx-数据采集"→"DAQmx 定时"函数，放置在"条件结构"的"真"分支内。此处使用"DAQmx 定时"函数的默认设置参数"采样时钟"。"DAQmx（采样时钟）"函数的显示结果为 ▦。

（2）为"DAQmx 定时（采样时钟）"函数的"速率"接线端设置参数并更改其输入控件显示样式。将鼠标放置在"DAQmx 定时（采样时钟）"函数的"速率"接线端，待出现"速率"文

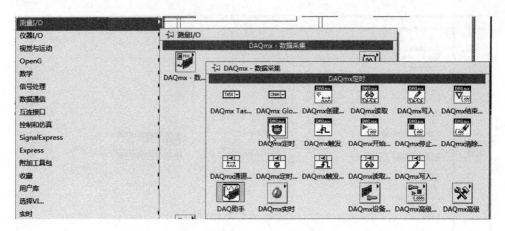

图 5-30   创建"DAQmx 定时"函数

本时右击,在弹出的快捷菜单中选择"创建"→"输入控件"命令。双击控件的"标签",将其修改为"采样率"。完成操作后显示图 5-31 所示的程序框图。

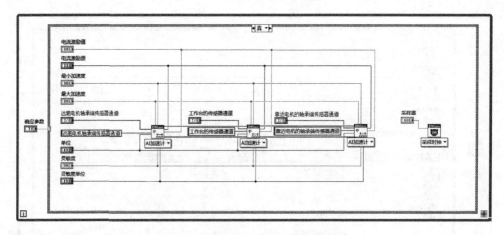

图 5-31   设置函数的"速率"接线端参数

更改控件显示样式。双击"采样率"控件,切换至前面板。右击控件,在弹出的快捷菜单中选择"替换"→"银色"→"数值"→"数值输入控件(银色)"控件,再次右击控件,在弹出的快捷菜单中选择"显示项"菜单项,取消勾选"标题"复选框,勾选"标签"复选框。完成操作后"采样率"控件的显示结果为 。

(3) 为"DAQmx 定时(采样时钟)"函数"源"接线端设置参数并更改其输入控件的显示样式。将鼠标放置在"DAQmx 定时(采样时钟)"函数的"源"接线端,待出现"源"文本时右击,在弹出的快捷菜单中选择"创建"→"输入控件"命令。双击控件的"标签",并将其修改为"采样时钟源"。完成操作后显示图 5-32 所示的程序框图。

更改控件显示样式。双击"采样时钟源"控件,切换至前面板。右击控件,在弹出的快捷

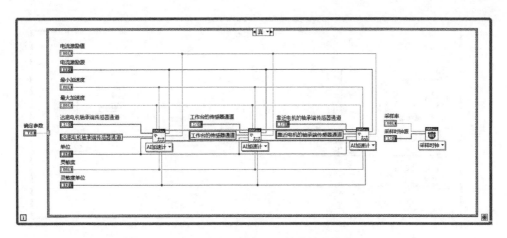

图 5-32　设置函数的"源"接线端的参数

菜单中选择"替换"→"银色"→I/O→"DAQmx 名称控件"→"DAQmx 接线端（银色）"控件；再次右击控件，在弹出的快捷菜单中选择"显示项"菜单项，取消勾选"标题"复选框，勾选"标签"复选框。完成操作后"采样时钟源"控件的显示结果为 ▭。

（4）为"DAQmx 定时（采样时钟）"函数的"采样模式"接线端设置参数。将鼠标放置在"DAQmx 定时（采样时钟）"函数的"采样模式"接线端，待出现"采样模式"的文本时右击，在弹出的快捷菜单中选择"创建"→"常量"命令，单击 有限采样▾ 下拉列表，选择 连续采样▾ 选项。完成操作后显示如图 5-33 所示的程序框图。

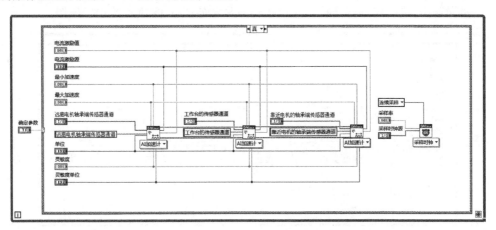

图 5-33　设置函数的"采样模式"接线端参数

（5）为"DAQmx 定时（采样时钟）"函数的"每通道采样"接线端设置参数并更改其输入控件显示样式。将鼠标放置在"DAQmx 定时（采样时钟）"函数的"每通道采样"接线端，待出现"每通道采样"文本时右击，在弹出的快捷菜单中选择"创建"→"输入控件"命令。双击控件的"标签"，改名为"每通道采样数"。完成操作后显示如图 5-34 所示的程序框图。

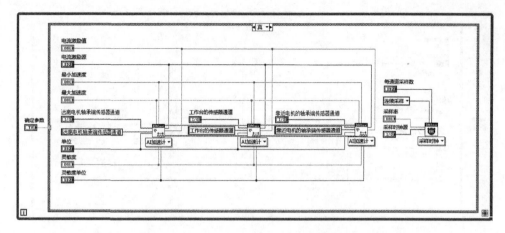

图 5-34　设置函数的"每通道采样"接线端参数

更改控件显示样式。双击"每通道采样数"控件,切换至前面板。右击控件,在弹出的快捷菜单中选择"替换"→"银色"→"数值"→"数值输入控件(银色)"控件。再次右击控件,在弹出的快捷菜单中选择"显示项"菜单项,取消勾选"标题"复选框,勾选"标签"复选框。完成操作后"每通道采样数"控件的显示结果为 。

(6)将"DAQmx 定时(采样时钟)"函数与第三个"DAQmx 创建虚拟通道(AI-加速度-加速计)"函数建立连接。将"DAQmx 定时(采样时钟)"函数的"任务/通道输入"和"错误输入"接线端分别连接第三个"DAQmx 创建虚拟通道(AI-加速度-加速计)"函数的"任务输出"和"错误输出"接线端进行连接。完成操作后显示如图 5-35 所示的程序框图。

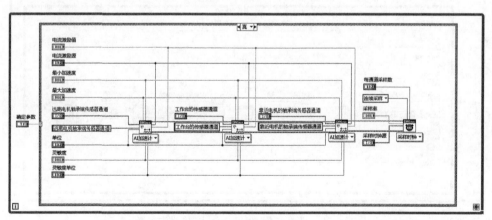

图 5-35　端口连接图

(7)创建"DAQmx 定时(采样时钟)采样速率""DAQmx 定时属性节点"函数。如图 5-36 所示,在程序框图空白处右击,进入"编程"选项面板,选择"函数"→"测量 I/O"→"DAQmx-数据采集"→"DAQmx 定时属性节点"函数,将此放置在"条件结构"的"真"分支内。默认的"DAQmx 定时属性节点"函数显示为 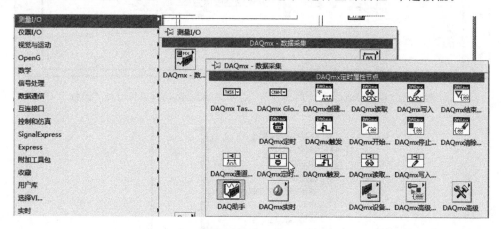 。单击蓝色文字 SampQuant.SampMode，出现如图 5-37 所示的下拉列表，选择"采样时钟"→"速率"选项。完成操作后"DAQmx 定时属性节点"函数显示结果为 ⬚DAQmx定时 SampClk.Rate 。

　　若"DAQmx 定时属性节点"函数中没有本文中的属性，则可右击它，在弹出的快捷菜单中选择"选择过滤"命令。然后在弹出的对话框中选中"选择全部属性"单选按钮。

图 5-36　创建"DAQmx 定时（采样时钟）采样速率""DAQmx 定时属性节点"函数

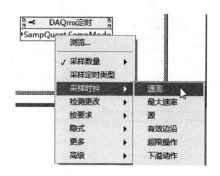

图 5-37　设置函数的"采样时钟"为"速率"

　　（8）将"DAQmx 定时属性节点"与"DAQmx 定时（采样时钟）"函数建立连接。将"DAQmx 定时属性节点"函数的 task out 和"错误输入（无错误）"接线端分别与"DAQmx 定时（采样时钟）"函数的"任务输出"和"错误输出"接线端进行连接。完成操作后显示如图 5-38 所示的程序框图。

　　（9）更改"DAQmx 定时属性节点"函数的数据操作方式为读取。如图 5-39 所示，在"DAQmx 定时属性节点"函数的文字上右击，在弹出的快捷菜单中选择"转换为"→"读取"命令。完成操作后显示如图 5-40 所示的程序框图。

　　（10）为"DAQmx 定时属性节点"函数的"采样时钟：速率"接线端设置参数。将鼠标放置在"DAQmx 定时属性节点"函数的"采样时钟：速率"接线端，待出现"采样时钟：速率"文

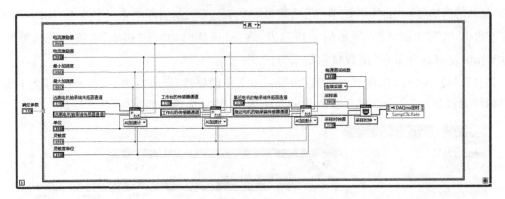

图 5-38 连接"DAQmx 定时属性节点"与"DAQmx 定时(采样时钟)"函数

图 5-39 更改"DAQmx 定时属性节点"函数的数据操作方式为读取

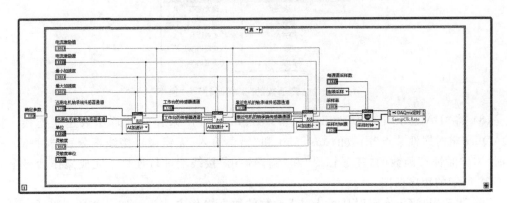

图 5-40 完成后的程序框图

本时右击,在弹出的快捷菜单中选择"创建"→"显示控件"命令。双击控件的"标签",将其修改为"实际采样率"。完成操作后显示如图 5-41 所示的程序框图。

双击"实际采样率"控件,切换至前面板。右击控件,在弹出的快捷菜单中选择"替换"→

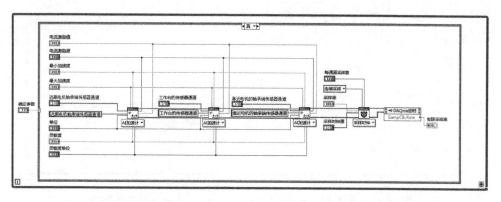

图 5-41 设置"DAQmx 定时属性节点"函数的"采样时钟：速率"接线端参数

"银色"→"数值"→"数值显示控件(银色)"控件。完成操作后"实际采样率"控件的显示结果为 ![] 。

3. 数据采集及保存

(1) 创建"DAQmx 开始任务"函数并与"DAQmx 定时属性节点"函数建立连接。如图 5-42 所示,在程序框图空白处右击,在弹出的快捷菜单中选择"函数"→"测量 I/O"→"DAQmx-数据采集"→"DAQmx 开始任务"函数,放置在"条件结构"的"真"分支内。将"DAQmx 开始任务"函数的"任务/通道输入"和"错误输入"接线端分别与"DAQmx 定时属性节点"函数的剩余 task out 和"错误输出"接线端进行连接。完成操作后显示如图 5-43 所示的程序框图。

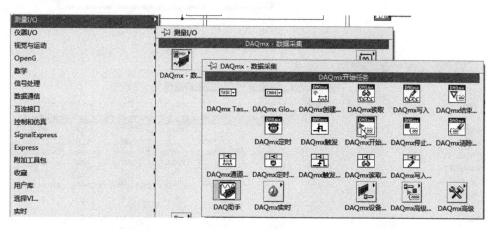

图 5-42 创建"DAQmx 开始任务"函数

(2) 创建数据采集部分的"While 循环"结构。完成操作后显示如图 5-44 所示的部分程序框图。

(3) 创建"DAQmx 读取"函数并与"DAQmx 开始任务"函数建立连接。如图 5-45 所示,在程序框图空白处右击,在弹出的快捷菜单中选择"函数"→"测量 I/O"→"DAQmx-数

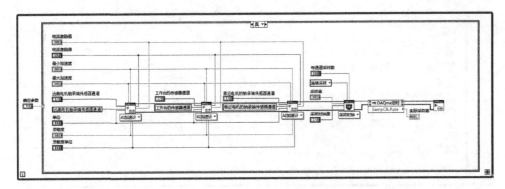

图 5-43　连接"DAQmx 开始任务"与"DAQmx 定时属性节点"函数

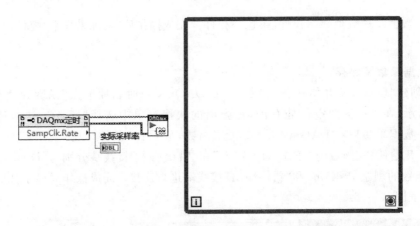

图 5-44　创建"While 循环"结构

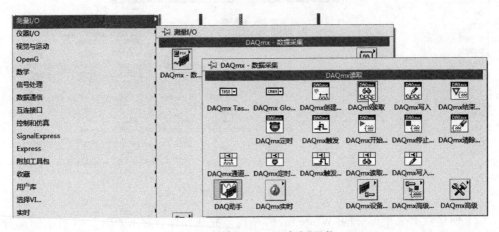

图 5-45　创建"DAQmx 读取"函数

据采集"→"DAQmx 读取"函数,将函数放置在"条件结构"的"真"分支内。将"DAQmx 读取"函数的"任务/通道输入"和"错误输入"接线端分别与"DAQmx 开始任务"函数的 "任务输出"和"错误输出"接线端进行连接。完成操作后显示如图 5-46 所示的部分程序框图。

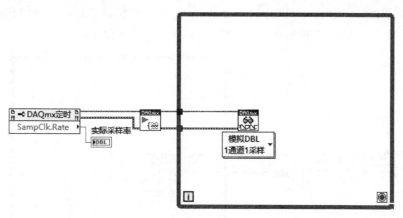

图 5-46　连接"DAQmx 读取"与"DAQmx 开始任务"函数

（4）为"DAQmx 读取"函数设置参数。"DAQmx 读取"函数默认的设置为 ，如图 5-47 所示，单击下拉列表选择"模拟"→"多通道"→"多采样"→"1D 波形"选项。完成操作后显示如图 5-48 所示的部分程序框图。

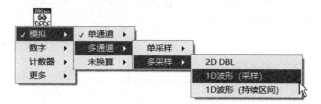

图 5-47　设置"DAQmx 读取"函数的参数

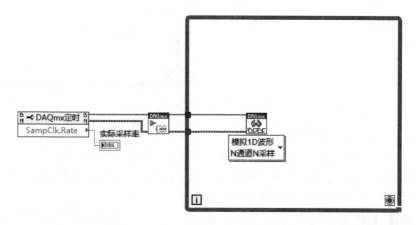

图 5-48　修改默认设置

（5）为"DAQmx 读取"函数的"超时"接线端设置参数。将鼠标放置在"DAQmx 读取"函数的"超时"接线端，待出现"超时"文本时右击，在弹出的快捷菜单中选择"创建"→"常量"命令。使用默认参数，完成操作后显示如图 5-49 所示的部分程序框图。

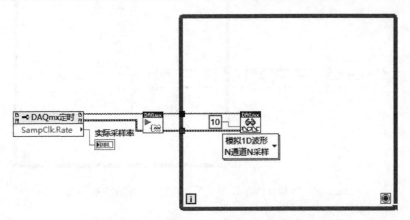

图 5-49　设置函数的"超时"接线端参数

（6）为"DAQmx 读取"函数的"每通道采样数"接线端设置参数。将"DAQmx 读取"函数的"每通道采样数"接线端和"每通道采样数"函数的输入控件创建连接。完成操作后显示如图 5-50 所示的部分程序框图。

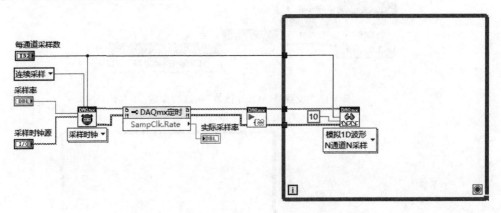

图 5-50　设置函数的"每通道采样数"接线端的参数

（7）创建数据暂停功能的结构。如图 5-51 所示，创建一个"条件结构"。

与"确定参数"布尔控件的创建操作一致，右击"条件结构"的"分支选择器"，在弹出的快捷菜单中选择"创建输入控件"命令。双击"布尔"控件的"标签"，将其修改为"暂停"。完成操作后显示如图 5-52 所示的部分程序框图。

双击"暂停"控件，切换至前面板。右击"暂停"控件，在弹出的快捷菜单中选择"替换"→"银色"→"布尔"→"空白按钮（银色）"控件，隐藏控件"标签"，并修改其"布尔文本"为"暂停"，"暂停"控件显示为 　　　。右击控件，在弹出的快捷菜单中选择"属性"命令，打开如

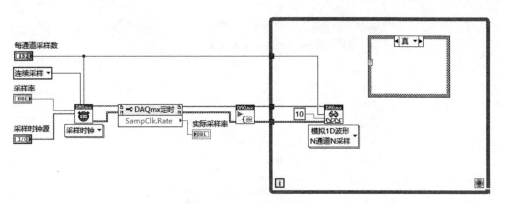

图 5-51 创建"条件结构"

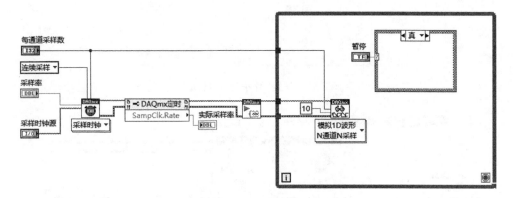

图 5-52 创建布尔控件以及修改标签

图 5-53 所示的对话框。在"外观"选项卡中勾选"显示布尔文本"和"多字符串显示"复选框，并将"开时文本"的内容改为"暂停采集"，将"关时文本"的内容改为"开始采集"。最终"暂停"控件显示为 开始采集 。

（8）为采集的数据创建显示控件并修改参数。如图 5-54 所示，在前面板空白处右击，并在弹出的快捷菜单中选择"控件"→"银色"→"图形"→"波形图表（银色）"控件。

后面还需对"波形图表（银色）"控件做进一步的操作，此处仅做简单的调整。双击"波形图表（银色）"控件的"标签"，将其修改为"数据显示"，并隐藏"标签"。双击"波形图表（银色）"的 X 坐标"时间"，并将其修改为"时间（t）"。操作完成后的"波形图表（银色）"控件如图 5-55 所示。

双击"数据显示"控件，切换至程序框图。将"数据显示"控件放置在具有暂停结构的"条件结构"的"真"分支中，并将其输入接线端与"DAQmx 读取"函数的"数据"接线端相连接。完成操作后显示如图 5-56 所示的部分程序框图。

（9）创建"写入测量文件"函数并将其与"DAQmx 读取"函数建立连接。如图 5-57 所示，在程序框图空白处右击，进入"编程"选项面板，选择"函数"→"编程"→"文件 I/O"→"写

图 5-53　设置"暂停"控件的属性

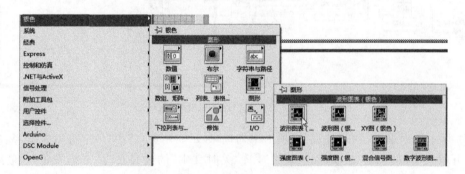

图 5-54　创建显示控件并修改参数

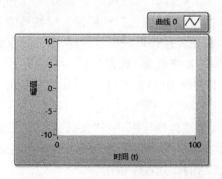

图 5-55　修改"波形图表（银色）"控件的属性

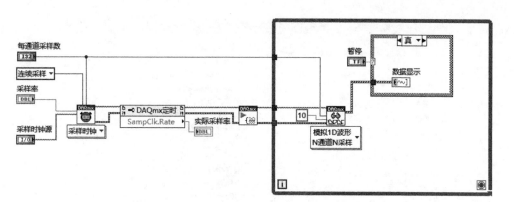

图 5-56 连接"数据显示"函数的输入接线端和"DAQmx 读取"函数的"数据"接线端

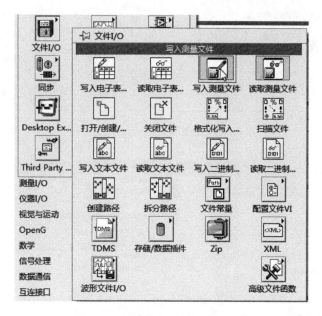

图 5-57 创建"写入测量文件"函数

入测量文件"函数,放置在总"条件结构"的"真"分支内。当放置完成后,会弹出如图 5-58 所示的对话框。

如图 5-59 所示,选中"文件格式"组下的"二进制(TDMS)"单选按钮和"数据段首"组下的"仅一个段首"单选按钮,将"X 值(时间)列"组下的内容改为"仅一列",其他内容使用默认参数,单击"确定"按钮完成设置。

完成设置后,在"写入测量文件"函数上右击,在弹出的快捷菜单中选择"显示为图标"命令,"写入测量文件"函数的显示结果为 ▨ 。将"写入测量文件"函数的"DAQmx 任务""信号"和"错误输入(无错误)"接线端分别与"DAQmx 读取"函数的"任务输出""数据"和"错误输出"接线端进行连接。完成操作后部分程序框图如图 5-60 所示。

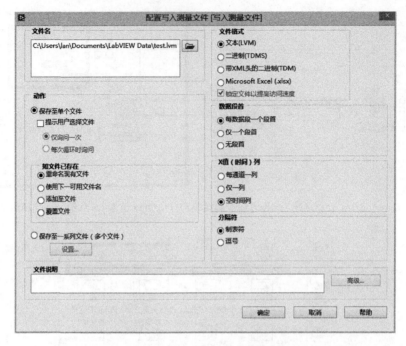

图 5-58 "配置写入测量文件"对话框

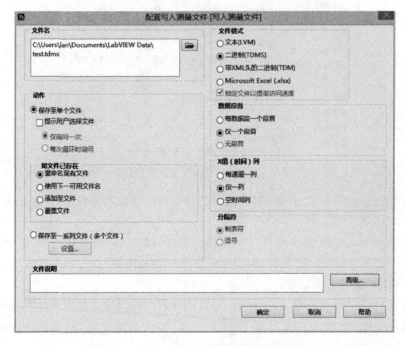

图 5-59 设置选项

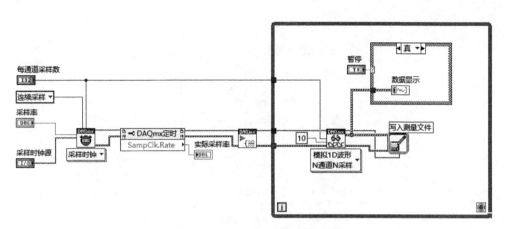

图 5-60　完成后的程序框图

（10）为"写入测量文件"函数"文件名"接线端设置参数并更改其输入控件显示样式。将鼠标放置在"写入测量文件"函数的"文件名"接线端,待出现"文件名"文本时右击,在弹出的快捷菜单中选择"创建"→"输入控件"命令。双击"文件名"控件的"标签",并将其修改为"数据保存路径设置"。完成操作后部分程序框图如图 5-61 所示。

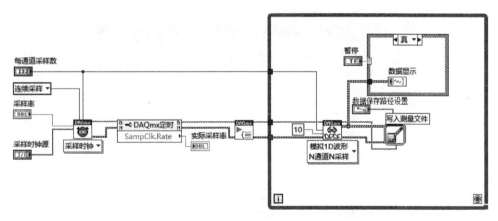

图 5-61　设置函数的"文件名"接线端参数

双击"数据保存路径设置"控件,切换至前面板。右击"数据保存路径设置"控件,在弹出的快捷菜单中选择"替换"→"银色"→"字符串与路径"→"文件路径输入控件(银色)"控件,选择"显示项"菜单项,取消勾选"标题"复选框,勾选"标签"复选框。完成操作后"数据保存路径设置"控件显示为 ▭ 。

因为默认文件模式为打开现有的文件,但是日常使用中可能是单独创建一个新的程序或者选择打开原有的文件,因此需要进一步设置。如图 5-62 所示,右击"数据保存路径设置"控件,在弹出的快捷菜单中选择"浏览选项"命令。弹出如图 5-63 所示的属性框图,选中"选择模式"组中的"新建或现有"单选按钮。完成操作后显示如图 5-64 所示的内容。

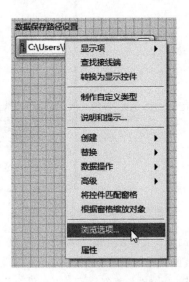

图 5-62 设置控件浏览选项

图 5-63 路径类属性框

图 5-64　设置选项

4．程序的完善

（1）创建"DAQmx 停止任务"函数并与先前函数建立连接。如图 5-65 所示，在程序框图空白处右击，进入"编程"选项面板，选择"函数"→"测量 I/O"→"DAQmx-数据采集"→"DAQmx 停止任务"函数，放置在总"条件结构"的"真"分支内。

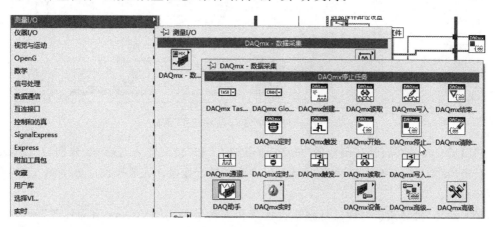

图 5-65　创建"DAQmx 停止任务"函数

将"DAQmx 停止任务"函数的"任务/通道输入"和"错误输入"接线端分别与"DAQmx读取"函数的"任务输出"和"写入测量文件"函数的"错误输出"接线端进行连接。完成操作后的程序框图如图 5-66 所示。

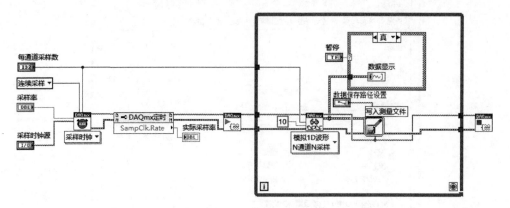

图 5-66　连接控件对应端口

（2）创建"DAQmx 清除任务"函数并将其与"DAQmx 停止任务"函数建立连接。如图 5-67 所示，在程序框图空白处右击，进入"编程"选项面板，选择"函数"→"测量 I/O"→"DAQmx-数据采集"→"DAQmx 清除任务"函数，将函数放置在总"条件结构"的"真"分支内。

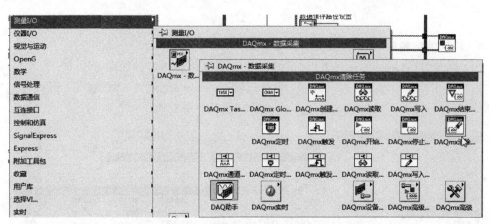

图 5-67　创建"DAQmx 清除任务"函数

将"DAQmx 清除任务"函数的"任务/通道输入"和"错误输入"接线端分别与"DAQmx 停止任务"函数的"任务输出"和"错误输出"接线端进行连接。完成操作后显示图 5-68 所示的程序框图。

（3）创建"简易错误处理器"函数，设置其相关参数并与"DAQmx 清除任务"函数建立连接。如图 5-69 所示，在程序框图空白处右击，进入"编程"选项面板，选择"函数"→"编程"→"对话框与用户界面"→"简易错误处理器"函数，并将其放置在总"条件结构"的"真"分支内。

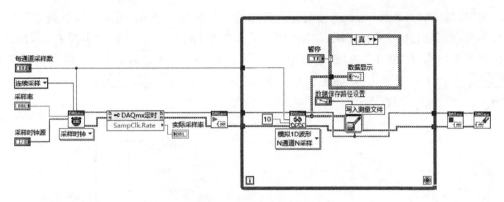

图 5-68　连接各控件的对应端口

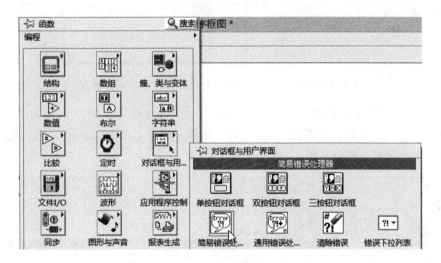

图 5-69　创建"简易错误处理器"函数

将"简易错误处理器"的"错误输入"接线端与"DAQmx 清除任务"的"错误输出"接线端进行连接。完成操作后显示如图 5-70 所示的程序框图。

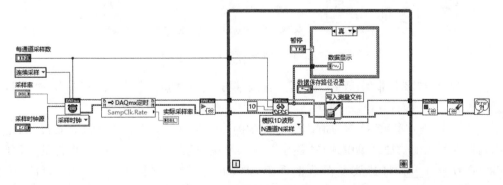

图 5-70　连接控件对应端口

　　为"简易错误处理器"函数的接线端设置参数。将鼠标放置在"简易错误处理器"的"对话框类型(确定信息：1)"接线端，待出现"对话框类型(确定信息：1)"文本时右击，在弹出的快捷菜单中选择"创建"→"常量"命令。"对话框类型(确定信息：1)"默认的设置为 确定信息 ▼，单击下拉列表选择"确定信息＋警告"选项，即为 确定信息+警告 ▼。完成操作后显示如图 5-71 所示的程序框图。

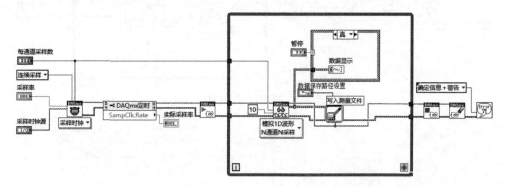

图 5-71　设置"对话框类型(确定信息：1)"接线端的参数

　　(4) 创建错误发生时的停止条件。如图 5-72 所示，在程序框图空白处右击，进入"编程"选项面板，选择"函数"→"编程"→"簇、类与变体"→"按名称解除捆绑"函数，将"按名称解除捆绑"函数放置在数据采集的"While 循环"结构中。

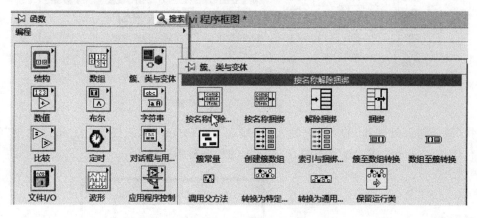

图 5-72　创建"按名称解除捆绑"函数

　　将"按名称解除捆绑"函数的"输入簇"接线端与"写入测量文件"函数的"错误输出"接线端进行连接。完成操作后显示图 5-73 所示的程序框图。

　　(5) 创建"确定参数"控件的值改变时发生的停止条件。如图 5-74 所示，右击"确定参数"控件，在弹出的快捷菜单中选择"创建"→"局部变量"命令，"确定参数"控件的"局部变量"显示为 ▶确定参数，将其放置在数据采集的"While 循环"结构中。完成操作后显示如图 5-75 所示的程序框图。

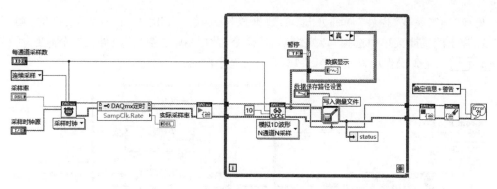

图 5-73 连接控件对应接口

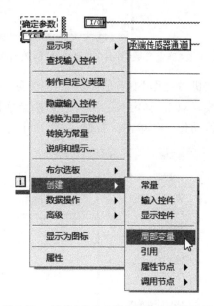

图 5-74 创建"确定参数"控件的局部变量

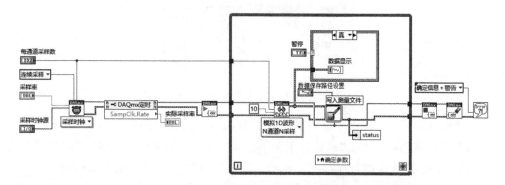

图 5-75 在"While 循环"结构中放置"确定参数"控件的"局部变量"

　　更改"确定参数"控件"局部变量"的数据操作方式。右击"确定参数"控件的"局部变量",在弹出的快捷菜单中选择"转换为读取"命令,此时"确定参数"控件的"局部变量"显示为 ⊞确定参数▸ 。完成操作后显示如图 5-76 所示的程序框图。

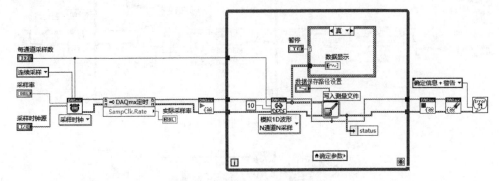

图 5-76　更改"确定参数"控件"局部变量"的数据操作方式

　　因为"确定参数"控件的"机械动作"不满足创建"局部变量"的条件,所以需要对"确定参数"控件的机械动作进行更改。双击"确定参数"控件,切换至前面板。然后右击此控件,在弹出的快捷菜单中选择"机械动作"→"单击时转换"命令,如图 5-77 所示。

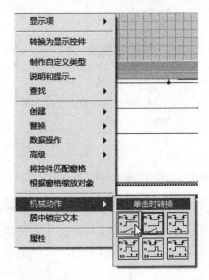

图 5-77　设置"确定参数"控件的"机械动作"

　　(6) 如图 5-78 所示,在程序框图空白处右击,进入"编程"选项面板,选择"函数"→"编程"→"布尔"→"或"函数,"或"函数显示为 ⟩V⟩ ,将"或"函数的 x 接线端和"按名称解除捆绑"函数的 status 接线端进行连接。完成操作后显示如图 5-79 所示的程序框图。

　　因为"确定参数"控件的"局部变量"为"真"时不停止,则如图 5-80 所示,在程序框图空白处右击,进入"编程"选项面板,选择"函数"→"编程"→"布尔"→"非"函数,"非"函数显示

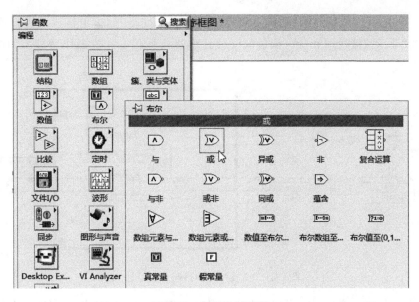

图 5-78　创建"或"函数

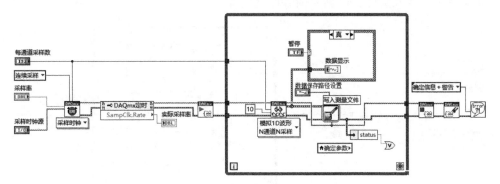

图 5-79　将"或"函数与对应控件连接

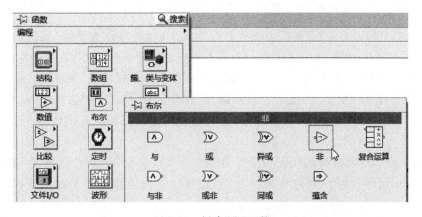

图 5-80　创建"非"函数

为 ▷ ,将"非"函数的 x 接线端和"确定参数"控件"局部变量"的输出接线端进行连接,并将"非"函数的"非 x?"接线端和"或"函数的 y 接线端进行连接。完成操作后显示如图 5-81 所示的程序框图。

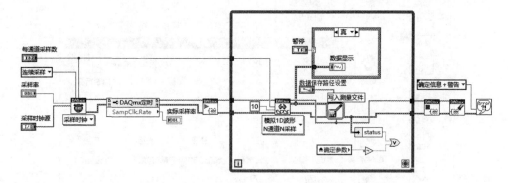

图 5-81 连接"非"函数与相应控件

将"或"函数的"x 或 y?"接线端与数据采集的"While 循环"结构的"停止条件"进行连接。完成操作后显示如图 5-82 所示的程序框图。

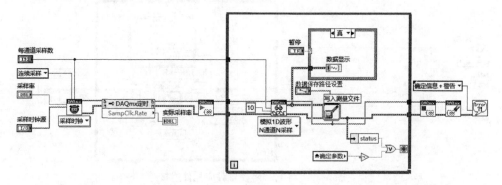

图 5-82 连接"或"函数的"x 或 y?"接线端与"While 循环"结构的"停止条件"

(7) 为总"While 循环"设置停止条件。因为本 VI 最终将作为子 VI 放进总程序中,使用 VI 引用关闭程序,因此此处将程序设为永不停止。如图 5-83 所示,在程序框图空白处右击,进入"编程"选项面板,选择"函数"→"编程"→"布尔"→"假常量"图标,将"假常量"函数放置在总"条件结构"的"真"分支下,"假常量"函数显示为 F ,并将"假常量"函数的输出接线端和总"While 循环"结构的"停止条件"进行连接。完成操作后显示如图 5-84 所示的程序框图。

同理,在总"条件结构"的"假"分支下创建一个"假常量",并将"假常量"的输出接线端和总"While 循环"结构的"停止条件"进行连接。完成操作后显示如图 5-85 所示的程序框图。

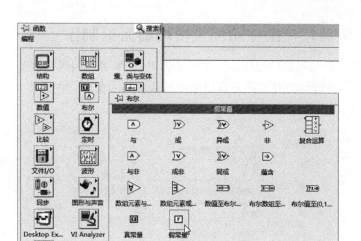

图 5-83　为总"While 循环"结构设置停止条件

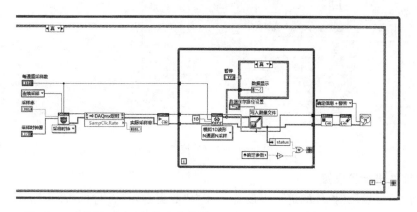

图 5-84　连接"假常量"的输出接线端和总"While 循环"结构的"停止条件"

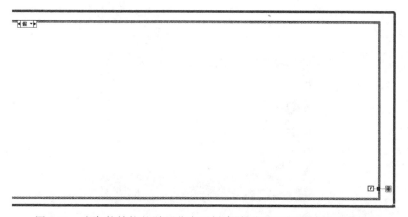

图 5-85　在条件结构的"假"分支下创建"假常量"并连接"停止条件"

5.2.3 滚珠丝杠副振动测量模块前面板制作

在 5.2.2 节对振动测量的程序框图进行了编制,在编制的同时也涉及了对输入/输出控件的创建。如图 5-86 所示,在程序框图中创建的控件均为乱序。因此本节的主要内容为对已创建的输入/输出控件做进一步的设置和排版。

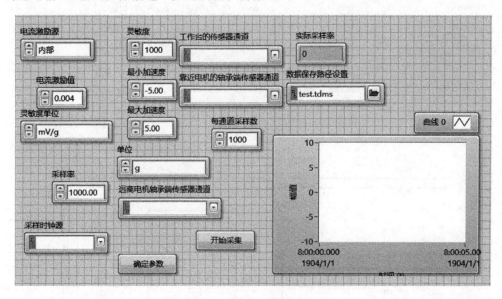

图 5-86 前面板控件乱序

1. 对控件进一步设置

(1) 对"数据显示"控件的进一步设置。选中"数据显示"控件的"图例",单击其上方的蓝色方格向上拖动,将其增加至 3 个。完成操作后的"数据显示"控件如图 5-87 所示。

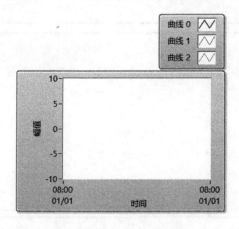

图 5-87 设置完成后的图表

（2）在"数据显示"控件上右击，在弹出的快捷菜单中选择"属性"命令，弹出如图 5-88 所示的对话框。

图 5-88　设置图表属性

（3）在"显示格式"选项卡下的右半部，将"系统时间格式"和"系统日期格式"下拉列表的内容分别改为"自定义时间格式"和"自定义日期格式"。具体的参数如图 5-89 所示。

图 5-89　"显示格式"选项卡内的设置

（4）将"标尺"选项卡中"时间（t）（X轴）"下拉列表里的内容改为"幅值（Y轴）"，将"名称"里的内容改为"加速度（g）"。完成操作后结果如图 5-90 所示。

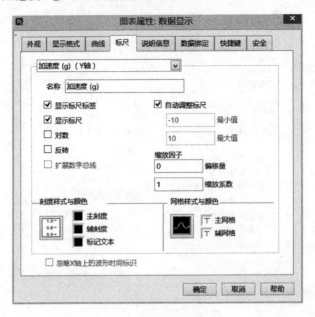

图 5-90　设置"标尺"选项卡

（5）在"曲线"选项卡下的底部，勾选"不要将波形图名作为曲线名"复选框，并将"名称"文本框内的内容改为"远离电机的轴承传感器通道"。完成操作后结果如图 5-91 所示。

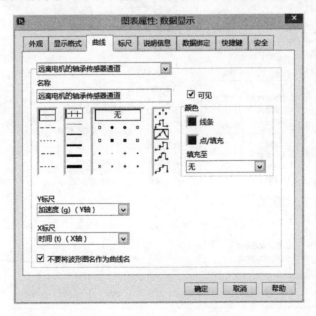

图 5-91　"曲线"选项卡中的设置

（6）将"名称"下拉列表里的内容改为"曲线 1"，将文本框中的内容改为"工作台的传感器通道"。完成操作后结果如图 5-92 所示。

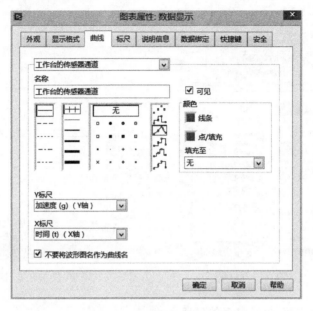

图 5-92　更改"曲线 1"的名称

（7）单击"名称"下拉列表，将里面的内容改为"曲线 2"，将其内容改为"靠近电机的轴承端传感器通道"。完成操作后结果如图 5-93 所示。

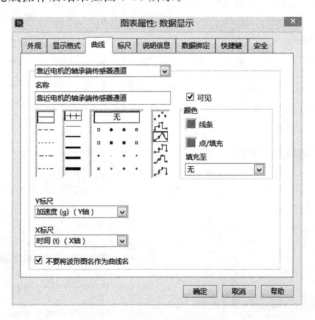

图 5-93　更改"曲线 2"的名称

(8) 设置完属性后,隐藏图例,如图 5-94 所示。右击"数据显示"控件,在弹出的快捷菜单中选择"显示项"→"图例"命令。将"数据显示"控件调整为合理的大小,完成操作后的"数据显示"控件如图 5-95 所示。

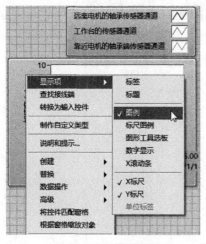

图 5-94　取消图例显示

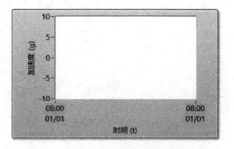

图 5-95　调整"数据显示"控件的大小

2. 对控件进行排版(仅供参考的排版)

(1) 将"通道类"的控件放置在一起。将三个"通道类"的控件调整大小后排列好,如图 5-96 所示。

(2) 为"通道类"控件设置装饰。如图 5-97 所示,在前面板空白处右击,进入"控件"选项面板,选择"控件"→"银色"→"修饰"→"圆盒(银色)"控件。

选中"圆盒(银色)"控件,如图 5-98 所示,在工具栏上选择"重新排序"→"移至后面"按钮。然后将"圆盒(银色)"控件移动到通道类控件后面,并调整其大小。完成操作后的结果如图 5-99 所示。

图 5-96　调整"通道类"控件

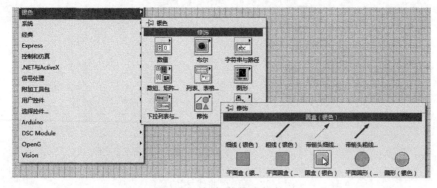

图 5-97　添加修饰类控件

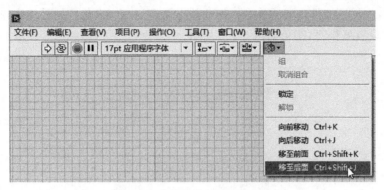

图 5-98　将修饰控件"移至后面"

（3）将"参数类"控件放置在一起。将参数类控件调整好大小后按照如图 5-100 所示排列好。

 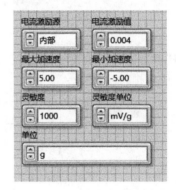

图 5-99　调整修饰控件大小　　　　　　图 5-100　调整"参数类"控件的大小

　　（4）为"参数类"控件设置装饰。同样也在此处创建"圆盒（银色）"控件作为修饰，将"圆盒（银色）"控件设置好后，结果如图 5-101 所示。

　　（5）将"定时类"的控件放置在一起。将"定时类"的控件调整好大小后排列好，如图 5-102 所示。

图 5-101　为"参数类"控件设置装饰控件　　图 5-102　调整"定时类"控件大小

（6）为"定时类"控件设置装饰。同样此处也创建"圆盒（银色）"控件作为修饰，将"圆盒（银色）"控件设置好排序，结果如图 5-103 所示。

图 5-103　为"定时类"控件设置装饰

（7）将"参数类及操作类"控件放置在一起。将"参数类及操作类"控件调整大小后按照如图 5-104 所示排列。

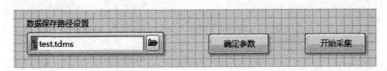

图 5-104　调整"参数类及操作类"控件的大小

（8）为"参数类及操作类"控件设置装饰。在此处也创建"圆盒（银色）"控件作为修饰，将"圆盒（银色）"控件设置好排序，结果如图 5-105 所示。

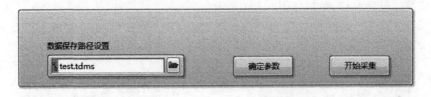

图 5-105　为"参数类及操作类"控件设置装饰

（9）为程序添加修饰图片。如图 5-106 所示，将所需配图拖入前面板至鼠标右下角出现"+"，松开鼠标左键即可看到所用的配图。

（10）为"修饰图片"设置装饰。在此处同样创建"圆盒（银色）"控件作为修饰，将"圆盒（银色）"控件设置好排序，结果如图 5-107 所示。

（11）对先前设置的前面板控件进行合理的排版，并且对每一个功能区添加叙述性文字。完成操作后，最终结果如图 5-108 所示。

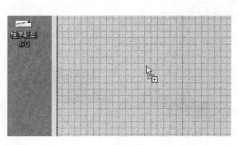

图 5-106　为程序添加修饰图片

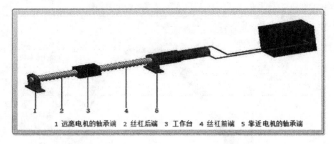

1 远离电机的轴承端　2 丝杠后端　3 工作台　4 丝杠前端　5 靠近电机的轴承端

图 5-107　为"修饰图片"设置装饰

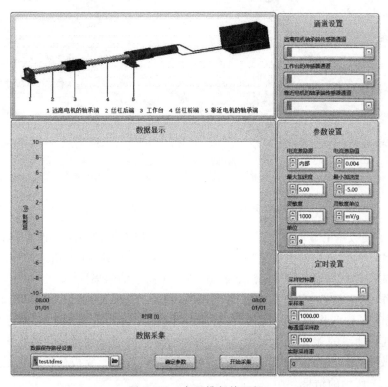

图 5-108　合理排版前面板

（12）使用虚拟机仿真,结果如图 5-109 所示。

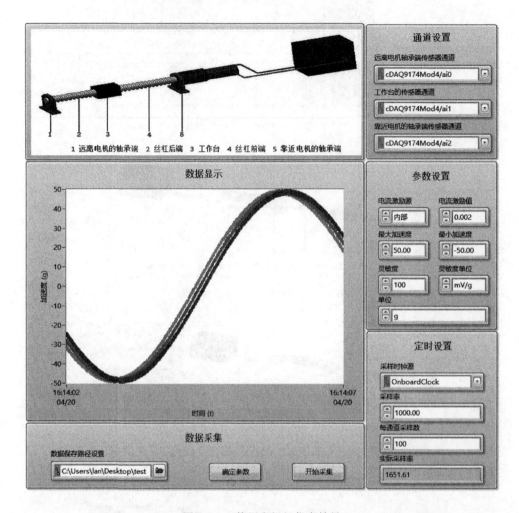

图 5-109　使用虚拟机仿真结果

　　（13）为了使数据的显示更加简洁,对"数据显示"控件做进一步的设置。右击"数据显示"控件,在弹出的快捷菜单中选择"分格显示曲线"命令,如图 5-110 所示。

　　设置完成后,"数据显示"控件显示为如图 5-111 所示的结果。

　　前面操作时,隐藏了"数据显示"控件的图例,此处为每一条曲线的 Y 坐标名称即"加速度"添加完成的名称。将蓝色曲线的 Y 坐标名称改为"远离电机的轴承传感器通道加速度（g）",将红色曲线的 Y 坐标名称改为"工作台的传感器通道加速度（g）",将绿色曲线的 Y 坐标名称改为"靠近电机的轴承端传感器通道加速度（g）"。完成操作后"数据显示"控件显示如图 5-112 所示的结果。

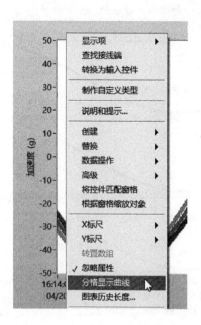

图 5-110 选择"分格显示曲线"命令

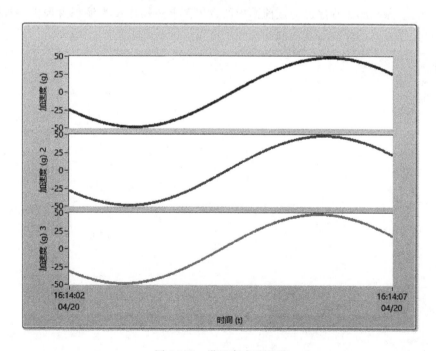

图 5-111 设置完成后图形

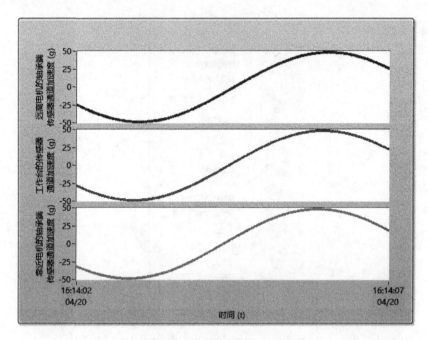

图 5-112　更改曲线坐标名称

　　到此为止,振动测量程序已完成前面板的设置。上述操作仅为编程者提供一种排版模式,读者可根据自己的想法创建不同的控件风格以及排版模式。

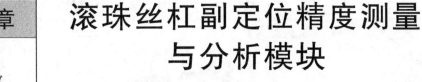

第6章　滚珠丝杠副定位精度测量与分析模块

滚珠丝杠副的定位精度是螺母在数控系统控制下运动所能达到的位置精度,即螺母在按照数控指令完成运动后实际位置与目标位置的差值。滚珠丝杠副的定位精度直接影响着机床加工工件的表面质量和精度。

6.1　滚珠丝杠副定位精度测量与分析模块程序编制说明

1. 定位精度测量模块前面板

本实例的前面板界面如图 6-1 所示:"直线光栅尺参数设置"和"旋转编码器参数设置"部分各包括 1 个"DAQmx 物理通道"控件、3 个"NI 接线端"、2 个"数值输入"控件和 1 个"布尔"控件;"数据保存路径设置"部分包括 1 个"文件路径"控件;"数据采集"部分包括 2 个"布尔"控件和 2 个"数值显示"控件;其余部分包括 2 个"波形图"和 3 个"布尔"控件。

2. 定位精度测量模块程序框图

程序框图用于程序的构建,通过在框图上放置函数、子 VI 和结构来创建具体的程序。本实例的程序框图如图 6-2 所示。

本 VI 使用"While 循环""Case 结构"和"事件结构"作为设计框架,使用 NI 自带的"DAQmx-数据采集"模块作为主体部分。其中包括"DAQmx 创建通道""DAQmx 开始任务""DAQmx 读取""DAQmx 停止任务""DAQmx 清除任务"等一系列的函数。同时在参考范例的基础上修改数据记录的方式,使用"写入测量文件"函数来完成数据的记录。又使用简单 VI 作为子 VI,使程序更为简洁。而且为了满足"定位精度测量模块"和"定位精度分析模块"的要求,使用"VI 引用"和"属性节点"来实现程序的打开和关闭。具体的实现方法,请参看具体的操作步骤。

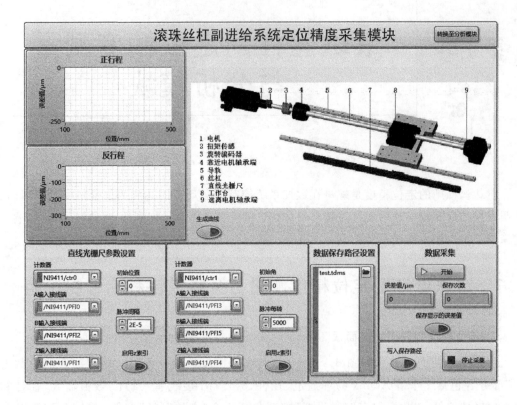

图 6-1　定位精度测量模块前面板

3. 定位精度分析模块前面板

本实例的前面板界面如图 6-3 所示："数据显示"部分包括"正向行程累计误差及 2S 公差带"和"反向行程累计误差及 2S 公差带"2 个"波形图"控件；"数据分析结果"部分包括 4 个"数值显示"控件；"测试参数"部分包括一些参数说明、1 个"文件路径"控件和 3 个"布尔"控件。

4. 定位精度分析模块程序框图

程序框图用于程序的构建，通过在框图上放置函数、子 VI 和结构来创建具体的程序。本实例的程序框图如图 6-4 所示。

本 VI 使用"While 循环""Case 结构""事件结构"作为设计框架，对采集的数据进行处理。并使用简单 VI 作为子 VI，将数据分析过程简化，而且为了满足"定位精度测量模块"和"定位精度分析模块"的要求，使用"VI 引用"和"属性节点"函数来实现程序的打开和关闭。具体的实现方法，请参看具体的操作步骤。

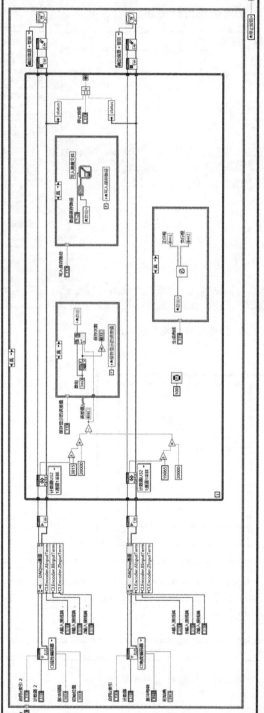

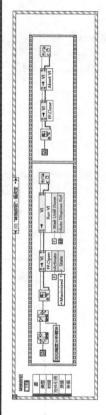

图 6-2　定位精度测量模块程序框图

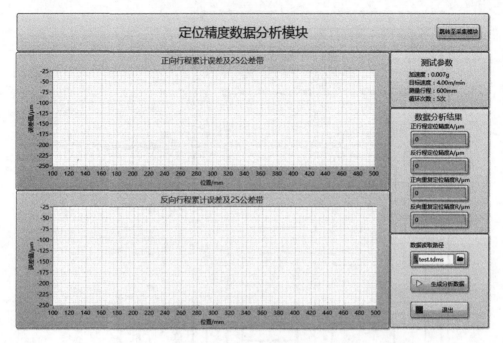

图 6-3　定位精度分析模块前面板

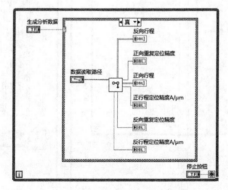

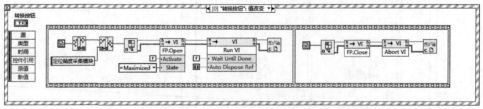

图 6-4　定位精度分析模块程序框图

6.2 滚珠丝杠副定位精度测量与分析模块程序编制步骤

6.2.1 滚珠丝杠副定位精度测量模块程序编制思路

考虑到 LabVIEW 的 NI 范例中已有关于读取编码器的 VI,可以使用范例中此 VI 为定位精度测量模块提供一个初步的设计模板。在 NI 范例查找器中,依次选择"硬件输入与输出"→DAQmx→"计数器输入"→"计数器-读取编码器"范例。"计数器-读取编码器"范例的前面板和程序框图如图 6-5 和图 6-6 所示。

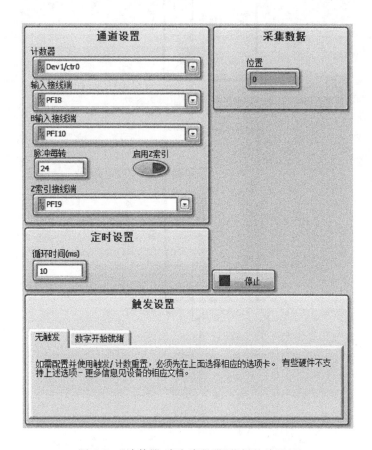

图 6-5 "计数器-读取编码器"范例的前面板

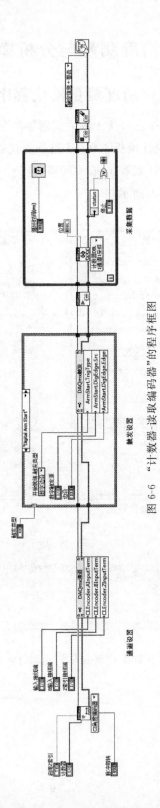

图 6-6 "计数器-读取编码器"的程序框图

6.2.2　滚珠丝杠副定位精度测量模块程序框图编制

考虑到前面板的美观，程序内的控件多采用银色控件。为了省去重复的操作，需要对默认的设置进行设置。选择"工具"→"选项"命令，弹出如图 6-7 所示的对话框。

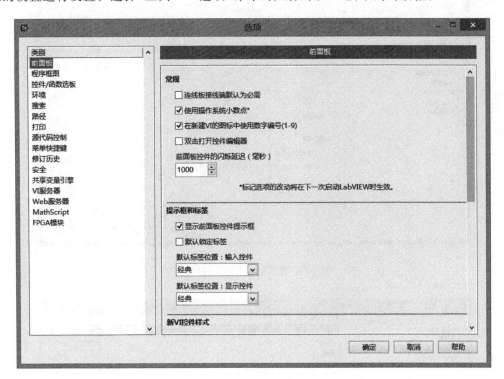

图 6-7　"选项"对话框

选中"前面板"类别中"新 VI 控件样式"组下的"银色"单选按钮，结果如图 6-8 所示。

取消勾选"程序框图"类别中"常规"组下的"以图形形式放置前面板接线端"复选框，结果如图 6-9 所示。单击"确定"按钮完成设置。重启软件，完成最终设置。

（1）新建 VI。切换至程序框图，创建"条件结构"和"While 循环"结构，并将其放置在程序框图适当的位置。结果如图 6-10 所示。

（2）设置"条件结构"函数的条件以及控件显示样式。右击"条件结构"函数的"分支选择器"，在弹出的快捷菜单中选择"创建输入控件"命令。双击"布尔"控件的"标签"，将其修改为"开始"，如图 6-11 所示。

切换至前面板，如图 6-12 所示，在"开始"控件上右击，在弹出的快捷菜单中选择"替换"→"银色"→"布尔"→"按钮"→"播放按钮（银色）"控件，并隐藏控件的"标签"。"开始"控件显示为 ▷ 播放 ，修改其"布尔文本"为"开始"，结果显示为 ▷ 开始 。

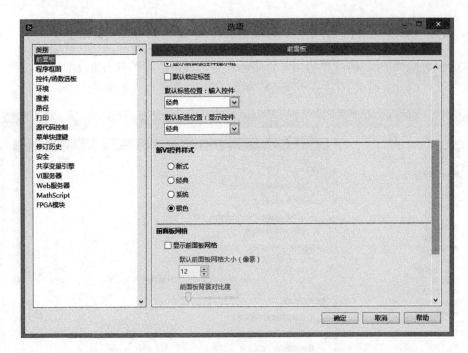

图 6-8　更该新 VI 控件的样式

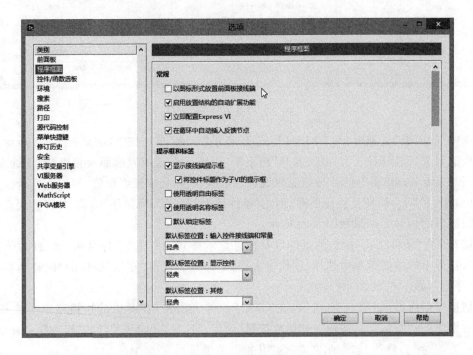

图 6-9　完成设置

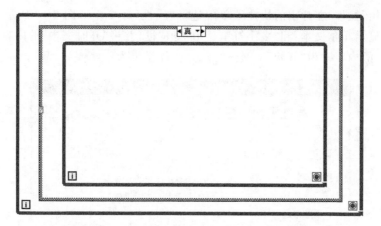

图 6-10　创建"条件结构"和"While 循环"函数

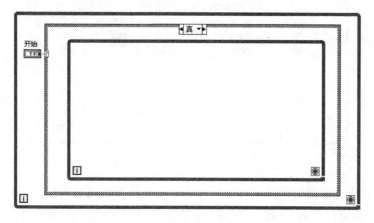

图 6-11　更改"布尔"控件"标签"

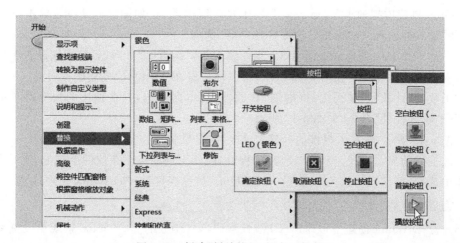

图 6-12　创建"播放按钮（银色）"控件

右击"开始"控件,在弹出的快捷菜单中选择"属性"命令。如图 6-13 所示,在"外观"选项卡下勾选"显示布尔文本"和"多字符串显示"复选框,并将"开时文本"的内容改为"暂停",将"关时文本"的内容改为"开始"。最终"开始"控件显示为 ▷ 开始 。

图 6-13 修改"布尔"控件属性

(3) 创建直线光栅尺测量程序,创建"DAQmx 创建虚拟通道"并设置参数。如图 6-14 所示,在程序框图空白处右击,进入"编程"选项面板,选择"函数"→"测量 I/O"→"DAQmx-数据采集"→"DAQmx 创建虚拟通道"函数,并将其放置在"条件结构"的"真"分支内。默认的"DAQmx 创建虚拟通道"函数设置为"CI 线性编码器"。如图 6-15 所示,单击下拉列表框,选择"计数器输入"→"位置"→"线性编码器"选项。

(4) 为"DAQmx 创建虚拟通道(CI 线性编码器)"函数的"计数器"接线端设置参数并更改其输入控件显示样式。如图 6-16 所示,将鼠标放置在"DAQmx 创建虚拟通道(CI 线性编码器)"函数的"计数器"接线端,待出现"计数器"文本时右击,并在弹出的快捷菜单中选择"创建"→"输入控件"命令,如图 6-17 所示。

如图 6-18 所示,将输入控件的标签名修改为"计数器"。

更改控件的显示样式。双击"计数器"控件,跳转至前面板。在控件上右击,在弹出的快捷菜单中选择"替换"→"银色"→I/O→"DAQmx 名称控件"→"DAQmx 物理通道(银色)"控件。完成操作后"计数器"控件的显示结果为 ▭ 。

(5) 为"DAQmx 创建虚拟通道(CI 线性编码器)"函数的"脉冲间隔"接线端设置参数并更改其输入控件显示样式。将鼠标放置在"DAQmx 创建虚拟通道(CI 线性编码器)"函数

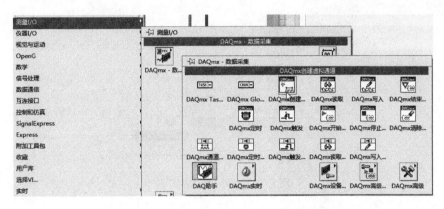

图 6-14　创建"DAQmx 创建虚拟通道"函数

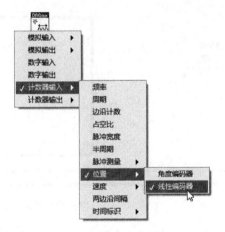

图 6-15　设置参数

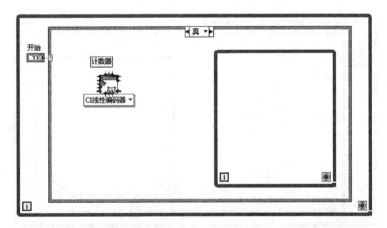

图 6-16　设置函数的"计数器"接线端参数并更改其输入控件显示样式

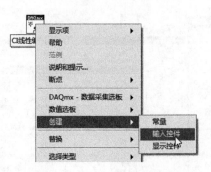

图 6-17　创建"输入控件"

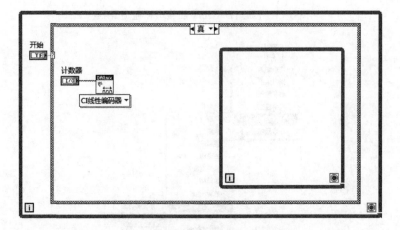

图 6-18　修改"计数器"控件的标签名

的"脉冲间隔"接线端,待出现"脉冲间隔"文本时右击,在弹出的快捷菜单中选择"创建"→
"输入控件"命令,完成操作后显示如图 6-19 所示的程序框图。

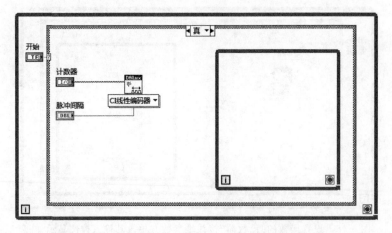

图 6-19　设置函数的"脉冲间隔"接线端的参数并更改其输入控件显示样式

更改控件显示样式。双击"脉冲间隔"控件,跳转至前面板。在控件上右击,在弹出的快捷菜单中选择"替换"→"银色"→"数值"→"数值输入控件(银色)"控件。右击控件,在弹出的快捷菜单中选择"显示项"菜单项,取消勾选"标题"复选框,勾选"标签"复选框,完成操作后"脉冲间隔"控件的显示结果为 。

(6) 为"DAQmx 创建虚拟通道(CI 线性编码器)"函数的"初始位置"接线端设置参数并更改其输入控件显示样式。将鼠标放置在"DAQmx 创建虚拟通道(CI 线性编码器)"函数的"初始位置"接线端,待出现"初始位置"文本时右击,在弹出的快捷菜单中选择"创建"→"输入控件"命令,完成操作后显示如图 6-20 所示的程序框图。

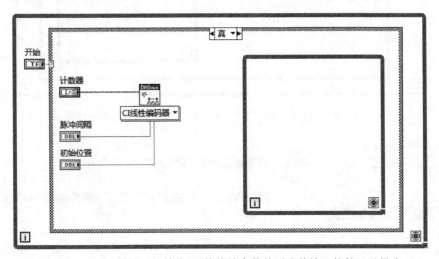

图 6-20 设置函数的"初始位置"接线端参数并更改其输入控件显示样式

更改控件显示样式。双击"初始位置"控件,跳转至前面板。在控件上右击,在弹出的快捷菜单中选择"替换"→"银色"→"数值"→"数值输入控件(银色)"控件。再次在控件上右击,在弹出的快捷菜单中选择"显示项"菜单项,取消勾选"标题"复选框,勾选"标签"复选框,完成操作后"初始位置"控件的显示结果为 。

(7) 为"DAQmx 创建虚拟通道(CI 线性编码器)"函数"启用 z 索引"接线端设置参数并更改其输入控件显示样式。将鼠标放置在"DAQmx 创建虚拟通道(CI 线性编码器)"函数的"启用 z 索引"接线端,待出现"启用 z 索引"文本时右击,在弹出的快捷菜单中选择"创建"→"输入控件"命令,完成操作后显示如图 6-21 所示的程序框图。

更改控件显示样式。双击"启用 z 索引"控件,跳转至前面板。在控件上右击,在弹出的快捷菜单中选择"替换"→"银色"→"布尔"→"开关按钮(银色)"控件。再次右击控件,在弹出的快捷菜单中选择"显示项"菜单项,取消勾选"标题"复选框并勾选"标签"复选框,完成操作后"启用 z 索引"控件的显示结果为 。

(8) 创建"DAQmx 通道属性节点"函数。如图 6-22 所示,在程序框图空白处右击,进入"编程"选项面板,选择"函数"→"测量 I/O"→"DAQmx-数据采集"→"DAQmx 通道属性节点"函数,将其放置在"条件结构"的"真"分支内。

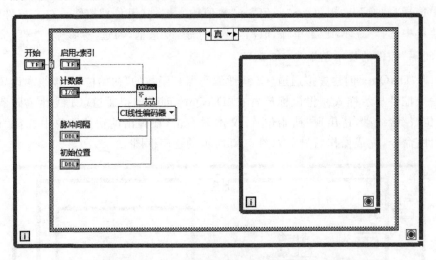

图 6-21　设置"启用 z 索引"接线端参数并更改其输入控件显示样式

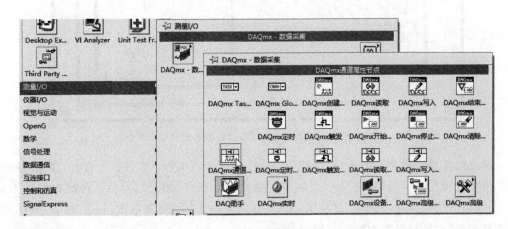

图 6-22　创建"DAQmx 通道属性节点"函数

默认的"DAQmx 通道属性节点"显示为 。单击"属性"按钮,出现如图 6-23 所示的下拉列表,选择"计数器输入"→"位置"→"A 输入"→"接线端"选项。完成操作后"DAQmx 通道属性节点"函数显示为 。

通过下拉"DAQmx 通道属性节点"函数将其拓展至三栏,完成后显示为

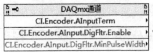。依次将栏目更改为"B 输入接线端"和"Z 输入接线端",完成操

作后"DAQmx 通道属性节点"显示结果为 。右击"DAQmx 通道属性节点"

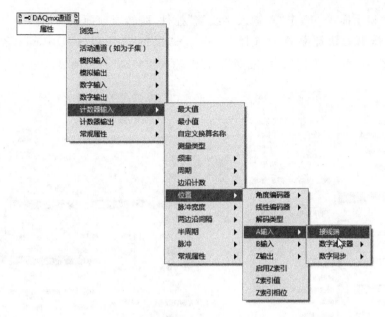

图 6-23　设置控件属性

函数，在弹出的快捷菜单中选择"全部转换为写入"命令，如
图 6-24 所示。完成操作后"DAQmx 通道属性节点"函数显

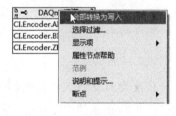

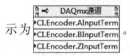

示为 　。

（9）为"DAQmx 通道属性节点"函数的 A、B、Z 输入接
线端创建接线端控件并更改其输入控件显示样式。右击

图 6-24　全部转换为写入

"DAQmx 通道属性节点"CI. Encoder. AInputTerm 函数左侧的箭头，在弹出的快捷菜单中
选择"创建"→"输入控件"命令。将输入控件的标签名修改为"A 输入接线端"。完成操作
后显示如图 6-25 所示的程序框图。

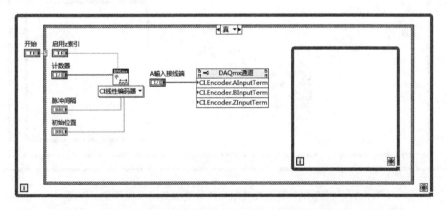

图 6-25　创建 A、B、Z 接线端的输入控件并更改其输入控件显示样式

更改控件显示样式。双击"A 输入接线端"控件,跳转至前面板。如图 6-26 所示,在控件上右击,在弹出的快捷菜单中选择"替换"→"银色"→I/O→"DAQmx 名称控件"→"DAQmx 接线端(银色)"控件。完成操作后"A 输入接线端"控件的显示结果为 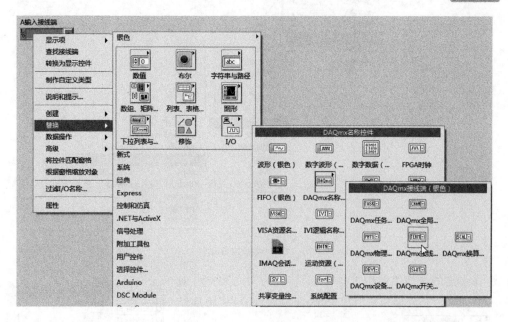 。

图 6-26　更改控件显示样式

依次为 B、Z 输入接线端创建接线端控件并更改其输入控件显示样式。完成操作后显示如图 6-27 所示的程序框图。完成操作后"B 输入接线端"控件的显示结果为 ，"Z 输入接线端"控件的显示结果为 。

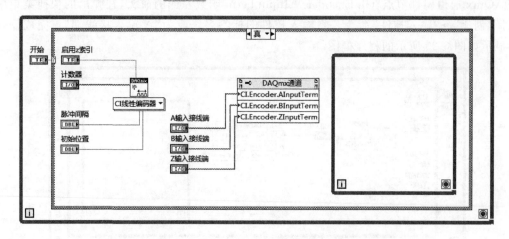

图 6-27　创建 B、Z 输入接线端控件并更改其输入控件显示样式

（10）将"DAQmx 创建虚拟通道（CI 线性编码器）"与"DAQmx 通道属性节点"函数建立连接。将"DAQmx 创建虚拟通道（CI 线性编码器）"函数的"任务输出"和"错误输出"接线端分别与"DAQmx 通道属性节点"函数的"任务"接线端和"错误输入"接线端连接。完成操作后显示如图 6-28 所示的程序框图。

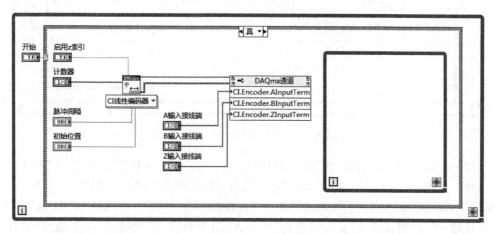

图 6-28　连接"DAQmx 创建虚拟通道（CI 线性编码器）"与"DAQmx 通道属性节点"函数

（11）创建"DAQmx 开始任务"函数并将其与"DAQmx 通道属性节点"函数建立连接。如图 6-29 所示，在程序框图空白处右击，进入"编程"选项面板，选择"函数"→"测量 I/O"→"DAQmx-数据采集"→"DAQmx 开始任务"函数，并将其放置在"条件结构"函数的"真"分支内。将"DAQmx 开始任务"函数的"任务/通道输入"和"错误输入"接线端分别与"DAQmx 定时属性节点"函数的剩余 task out 和"错误输出"接线端进行连接。完成操作后显示如图 6-30 所示的程序框图。

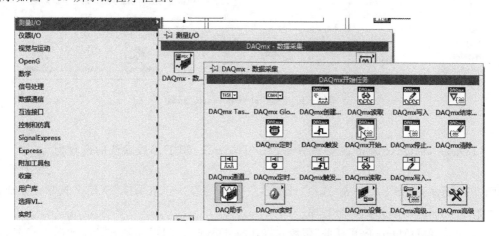

图 6-29　创建"DAQmx 开始任务"函数

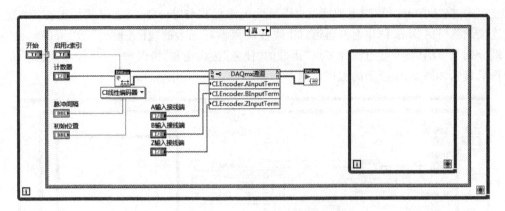

图 6-30　连接"DAQmx 开始任务"与"DAQmx 通道属性节点"函数

（12）创建"DAQmx 读取"函数并与"DAQmx 开始任务"函数建立连接。如图 6-31 所示，在程序框图空白处右击，进入"编程"选项面板，选择"函数"→"测量 I/O"→"DAQmx-数据采集"→"DAQmx 读取"函数，放置在内"While 循环"中。将"DAQmx 读取"函数的"任务/通道输入"和"错误输入"接线端分别与"DAQmx 开始任务"函数的"任务输出"和"错误输出"接线端进行连接。完成操作后显示如图 6-32 所示的部分程序框图。

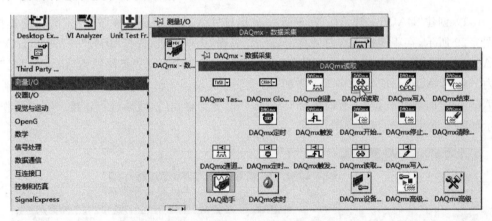

图 6-31　创建"DAQmx 读取"函数

（13）为"DAQmx 读取"函数设置参数。"DAQmx 读取"函数默认的设置为 ，如图 6-33 所示，单击下拉列表，选择"计数器"→"单通道"→"单采样"→U32 选项。完成操作后显示如图 6-34 所示的部分程序框图。

（14）创建"DAQmx 停止任务"函数并将其与"DAQmx 读取"函数连接。如图 6-35 所示，在程序框图空白处右击，进入"编程"选项面板，选择"函数"→"测量 I/O"→"DAQmx-数据采集"→"DAQmx 停止任务"函数，并将其放置在"条件结构"的"真"分支内。将"DAQmx 停止任

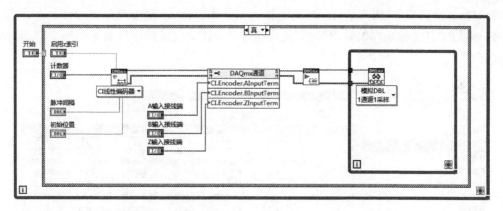

图 6-32 连接"DAQmx 读取"与"DAQmx 开始任务"函数

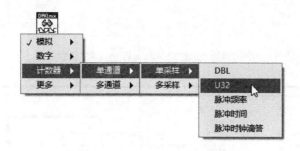

图 6-33 设置"DAQmx 读取"函数的参数

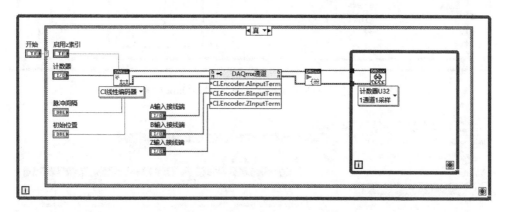

图 6-34 完成后的程序框图

务"函数的"任务/通道输入"和"错误输入"接线端分别与"DAQmx 读取"函数的"任务输出"和"错误输出"接线端进行连接。完成操作后显示如图 6-36 所示的程序框图。

（15）创建"DAQmx 清除任务"函数，并将其与"DAQmx 停止任务"函数建立连接。如图 6-37 所示，在程序框图空白处右击，进入"编程"选项面板，选择"函数"→"测量 I/O"→"DAQmx-数据采集"→"DAQmx 清除任务"函数，将其放置在"条件结构"的"真"分支内。

将"DAQmx 清除任务"函数的"任务/通道输入"和"错误输入"接线端分别与"DAQmx 停止任务"函数的"任务输出"和"错误输出"接线端进行连接。完成操作后显示如图 6-38 所示的程序框图。

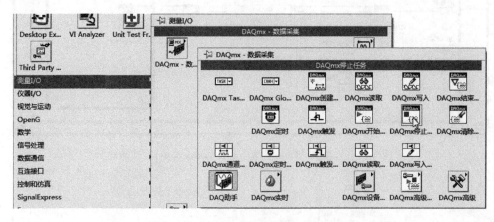

图 6-35　创建"DAQmx 停止任务"函数

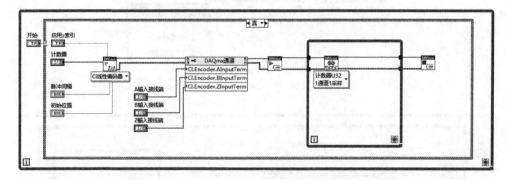

图 6-36　连接"DAQmx 停止任务"与"DAQmx 读取"函数

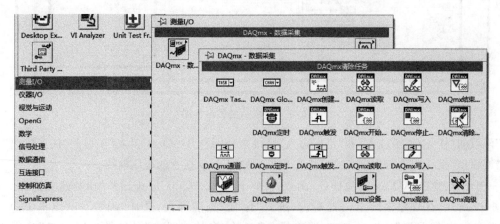

图 6-37　创建"DAQmx 清除任务"函数

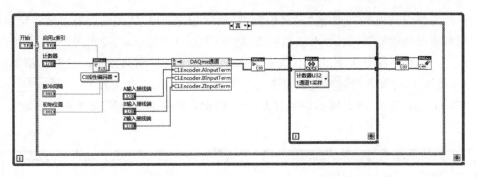

图 6-38　连接"DAQmx 清除任务"与"DAQmx 停止任务"函数

（16）创建"简易错误处理器"函数，设置其相关参数并与"DAQmx 清除任务"函数建立连接。如图 6-39 所示，在程序框图空白处右击，进入"编程"选项面板，选择"函数"→"编程"→"对话框与用户界面"→"简易错误处理器"函数，将其放置在总"条件结构"函数的"真"分支内。将"简易错误处理器"函数的"错误输入"接线端与"DAQmx 清除任务"函数的"错误输出"接线端进行连接。完成操作后显示如图 6-40 所示的程序框图。

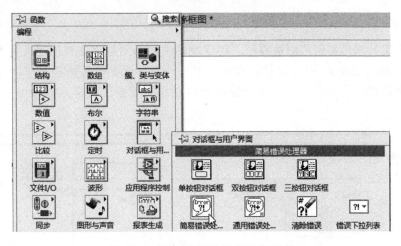

图 6-39　创建"简易错误处理器"函数

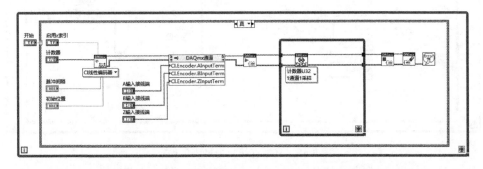

图 6-40　设置"简易错误处理器"函数的相关参数并与"DAQmx 清除任务"函数建立连接

为"简易错误处理器"函数的"对话框类型(确定信息:1)"接线端设置参数。将鼠标放置在"简易错误处理器"函数的"对话框类型(确定信息:1)"接线端,待出现"对话框类型(确定信息:1)"文本时右击,在弹出的快捷菜单中选择"创建"→"常量"命令。"对话框类型(确定信息:1)"默认的设置为 确定信息 ▾,单击下拉列表选择"确定信息＋警告",即 确定信息＋警告 ▾。完成操作后显示如图 6-41 所示的程序框图。到此,对直线光栅尺的测量程序创建基本完成。

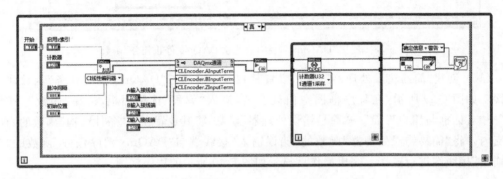

图 6-41　完成后的程序框图

(17) 为旋转编码器创建测量程序。创建旋转编码器测量程序和创建直线光栅尺测量程序相似,因此可以复制,进行简单的修改即可。选中直线光栅尺测量程序,使用 Ctrl＋C 组合键进行复制;使用 Ctrl＋V 组合键进行粘贴。完成操作后显示如图 6-42 所示的程序框图。

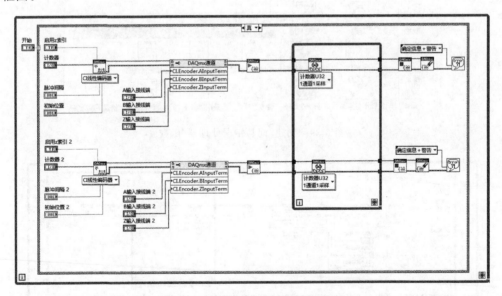

图 6-42　复制直线光栅尺测量程序

（18）对重复的标签进行修改，将所有的数字 2 删除。完成操作后显示如图 6-43 所示的程序框图。

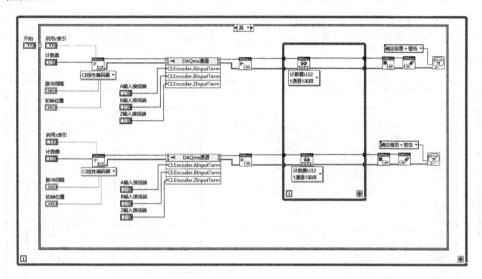

图 6-43 修改标签

（19）对旋转编码器测量程序中的"DAQmx 创建虚拟通道（CI 角度编码器）"函数进行设置并修改其所需接线端。单击下拉列表，选择"计数器输入"→"位置"→"角度编码器"选项。结果显示为 ![CI角度编码器] 。删除"脉冲间隔"控件并修改"初始位置"控件的标签为"初始角"。完成操作后显示如图 6-44 所示的程序框图。

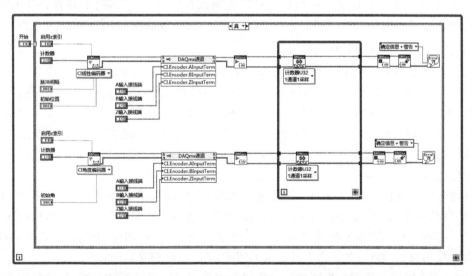

图 6-44 设置并修改"DAQmx 创建虚拟通道（CI 角度编码器）"函数所需的接线端

（20）为"DAQmx 创建虚拟通道（CI 角度编码器）"函数的"脉冲每转"接线端设置参数并更改其输入控件显示样式。将鼠标放置在"DAQmx 创建虚拟通道（CI 角度编码器）"函数的"脉冲每转"接线端，待出现"脉冲每转"的文本时右击，在弹出的快捷菜单中选择"创建"→"输入控件"命令，修改控件的标签名，改为"脉冲每转"。完成操作后显示如图 6-45 所示的程序框图。

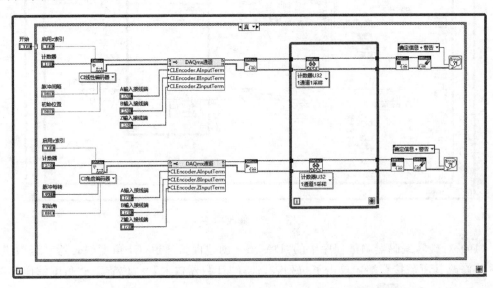

图 6-45　设置"脉冲每转"接线端参数并更改其输入控件显示样式

更改控件显示样式。双击"脉冲每转"控件，跳转至前面板。在控件上右击，在弹出的快捷菜单中选择"替换"→"银色"→"数值"→"数值输入控件（银色）"控件。在控件上右击，在弹出的快捷菜单中选择"显示项"菜单项，取消勾选"标题"复选框，勾选"标签"复选框。完成操作后"脉冲每转"控件的显示结果为 ⊞ 24 。

（21）对直线光栅尺测量程序输出结果进行换算。伺服电机旋转一圈时，直线光栅尺对应的脉冲数为 3815，滚珠丝杠副移动 2cm。在程序框图空白处右击，进入"编程"选项面板，选择"函数"→"编程"→"数值"→"除"函数，并将其放置在内"While 循环"中。将"DAQmx读取"函数的"数据"接线端与"除"函数的 x 接线端连接。在"除"函数的 y 接线端处右击，在弹出的快捷菜单中选择"创建"→"常量"选项，并将其赋值为 3815。完成操作后显示如图 6-46 所示的程序框图。

在程序框图空白处右击，进入"编程"选项面板，选择"函数"→"编程"→"数值"→"乘"函数，并将其放置在内"While 循环"函数中。将"除"函数的 x/y 接线端与"乘"函数的 x 接线端连接。右击"乘"函数的 y 接线端，在弹出的快捷菜单中选择"创建"→"常量"命令，并将创建的常量赋值为 20000。完成操作后显示如图 6-47 所示的程序框图。

（22）对旋转编码器测量程序输出结果进行换算。伺服电机旋转一圈时，旋转编码器对应的脉冲数为 19065，滚珠丝杠副移动 2cm。在程序框图空白处右击，进入"编程"选项面

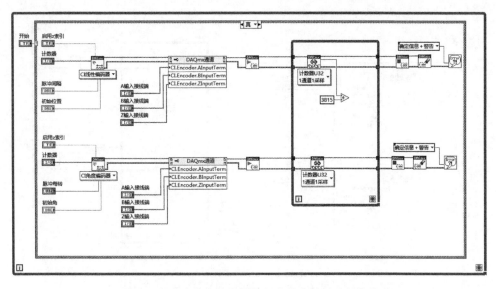

图 6-46　对直线光栅尺测量程序输出结果进行换算

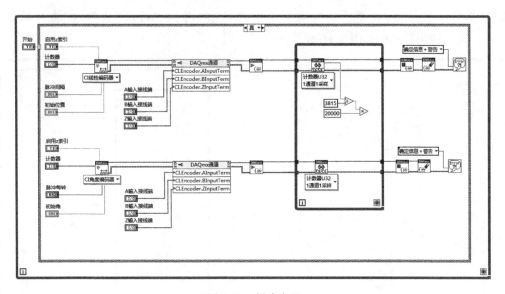

图 6-47　创建常量

板,选择"函数"→"编程"→"数值"→"除"函数,并将其放置在内"While 循环"中。将"DAQmx 读取"函数的"数据"接线端与"除"函数的 x 接线端连接。右击"除"函数的 y 接线端,在弹出的快捷菜单中选择"创建"→"常量"命令,并将创建的常量赋值为 19065。完成操作后显示如图 6-48 所示的程序框图。

在程序框图空白处右击,进入"编程"选项面板,选择"函数"→"数值"→"乘"函数,并将其放置在"While 循环"中。将"除"函数的 x/y 接线端与"乘"函数的 x 接线端连接。右击

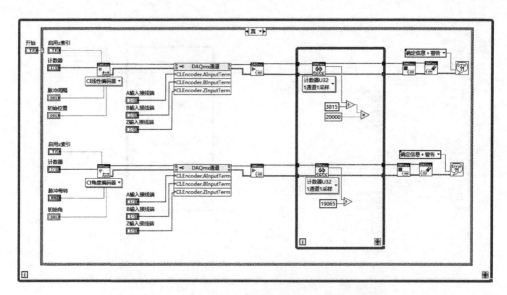

图 6-48　对旋转编码器测量程序输出结果进行换算

"乘"函数的 y 接线端,在弹出的快捷菜单中选择"创建"→"常量"选项,并将其赋值为
20000。完成操作后显示如图 6-49 所示的程序框图。

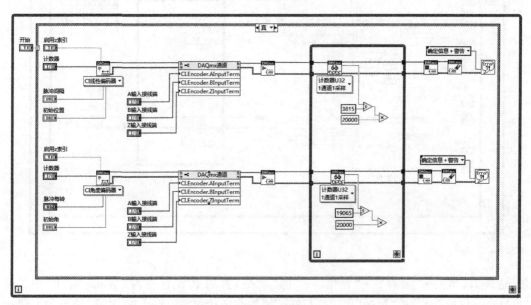

图 6-49　创建常量

（23）对两者的值进行差值计算并输出结果。在程序框图空白处右击,进入"编程"选项
面板,选择"函数"→"编程"→"数值"→"减"函数,并将其放置在内"While 循环"中。将直线
光栅尺测量程序换算的结果与"减"函数的 x 接线端连接;将旋转编码器测量程序换算的结

果与"减"函数的 y 接线端相连接。完成操作后显示如图 6-50 所示的程序框图。

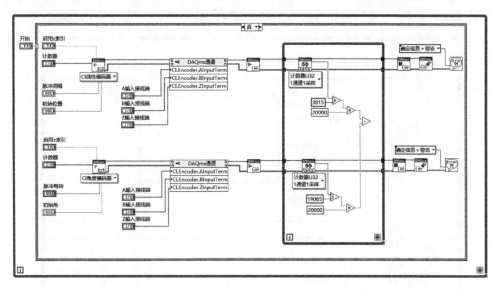

图 6-50　对两者的值进行差值计算并输出结果

在"减"函数的 x-y 接线端处右击,在弹出的快捷菜单中选择"创建"→"显示控件"命令。双击控件的"标签",将其修改为"误差值/μm"。完成操作后显示如图 6-51 所示的程序框图。

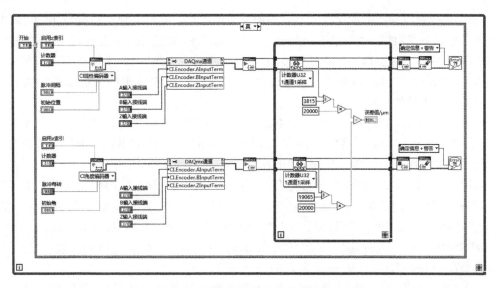

图 6-51　创建显示控件并更改其标签

(24) 将误差值进行保存,创建保存程序的结构。在程序框图空白处右击,进入"编程"选项面板,选择"函数"→"编程"→"结构"→"条件结构"选项,右击"条件结构"的"分支选择器",在弹出的快捷菜单中选择"创建输入控件"命令,双击"布尔"控件的"标签",将其修改为"保存显示的误差值"。完成操作后的内"While 循环"显示如图 6-52 所示的程序框图。

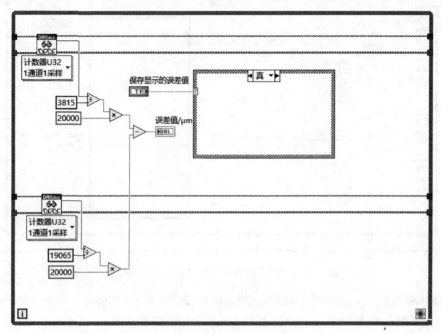

图 6-52   创建保存程序的结构

(25) 创建数组进行数据保存并显示当前记录的次数。在前面板空白处右击,在弹出的快捷菜单中选择"控件"→"银色"→"数组、矩阵与簇"→"数组-数值(银色)"控件,双击"数组-数值(银色)"控件的"标签",将其修改为"数组"。因为"数组"控件不需要在前面板显示,因此需隐藏"数组"控件。如图 6-53 所示,右击"数组"控件,在弹出的快捷菜单中选择"高级"→"隐藏输入控件"命令。

如图 6-54 所示,在程序框图空白处右击,进入"编程"选项面板,选择"函数"→"编程"→"数组"→"数组大小"函数。将"数组大小"函数的"数组"接线端与"数组"控件的"输出"接线端连接。完成操作后的内"While 循环"函数如图 6-55 所示。

如图 6-56 所示,在程序框图空白处右击,进入"编程"选项面板,选择"函数"→"编程"→"数组"→"数组插入"函数。将"数组"控件的"输出"接线端与"数组插入"函数的"数组"接线端连接;将"数组"控件的"索引"接线端与"数组插入"函数的"大小"接线端连接。将"误差值/μm"控件的"输入"控件端与"数组插入"函数的"新元素/子数组"接线端连接。完成操作后的内"While 循环"显示如图 6-57 所示的程序框图。

右击"数组大小"函数的"大小"接线端,在弹出的快捷菜单中选择"创建"→"显示控件"命令。双击控件的"标签",将其修改为"保存次数",然后删除其输入端处的连线。在程序框图空白处右击,进入"编程"选项面板,选择"函数"→"数值"→"加 1"函数,并将其放置在内"条件结构"函数中。将"加 1"函数的 x 接线端与"数组大小"函数的"大小"接线端连接;将

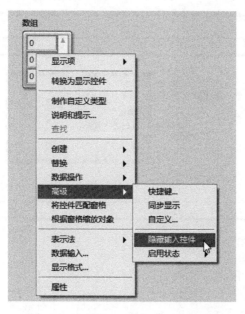

图 6-53　创建"数组"控件进行数据保存

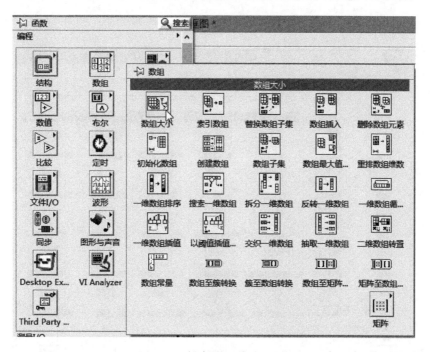

图 6-54　创建"数组大小"函数

"加 1"函数的 x＋1 接线端与"保存次数"控件的"输入"接线端连接。完成操作后的内

"While 循环"函数显示如图 6-58 所示的程序框图。

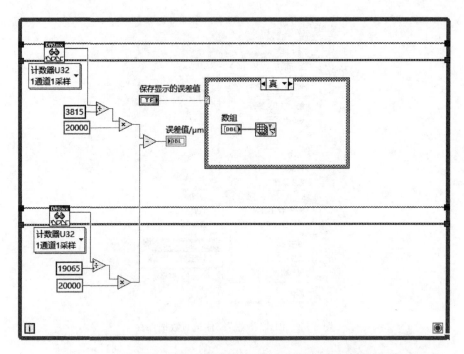

图 6-55　连接"数组大小"函数的"数组"端与"数组"控件的"输出"端

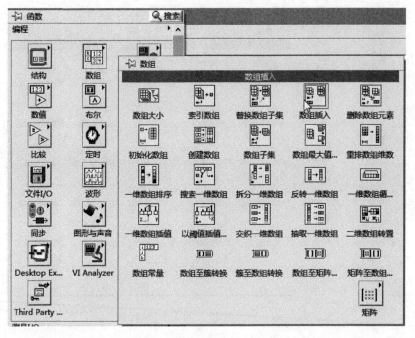

图 6-56　创建"数组插入"函数

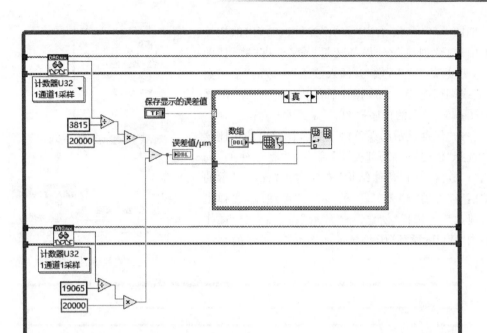

图 6-57　连接控件端口

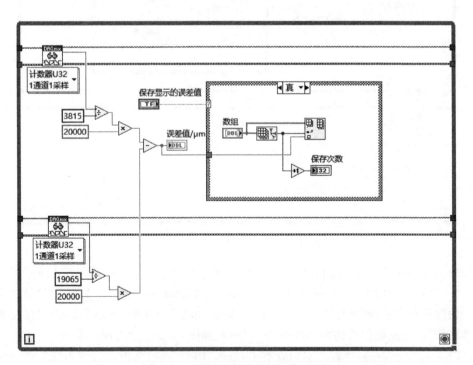

图 6-58　创建"显示控件"并更改标签

如图 6-59 所示,右击"数组"控件,在弹出的快捷菜单中选择"创建"→"局部变量"命令,将"数组"的"局部变量"的"输入"端与"插入数组"函数的"输出数组"接线端相连接。完成操作后的内"While 循环"显示如图 6-60 所示的程序框图。

右击"保存显示的误差值"控件,在弹出的快捷菜单中选择"创建"→"局部变量"命令,并将创建的"局部变量"放置在内"条件结构"中。右击"保存显示的误差值"控件的"局部变量"的"输入"接线端,在弹出的快捷菜单中选择"创建"→"常量"命令。完成操作后的内"While 循环"函数显示如图 6-61 所示的程序框图。

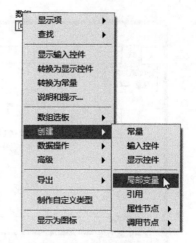

图 6-59 创建"数组"控件的"局部变量"

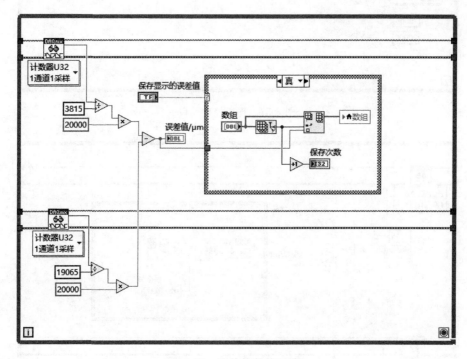

图 6-60 连接控件接口端

(26)创建保存数据文件的程序。在程序框图空白处右击,进入"编程"选项面板,选择"函数"→"编程"→"结构"→"条件结构"函数,在"条件结构"函数的"分支选择器"处右击,在弹出的快捷菜单中选择"创建输入控件"命令,双击"布尔"控件的"标签",并将其修改为"写入保存路径"。完成操作后的内"While 循环"显示如图 6-62 所示的程序框图。

如图 6-63 所示,在程序框图空白处右击,进入"编程"选项面板,选择"函数"→"编程"→"文件 I/O"→"写入测量文件"函数,并将其放置在内"条件结构"的"真"分支内。当放置完

图 6-61　创建"保存显示的误差值"控件的"局部变量"

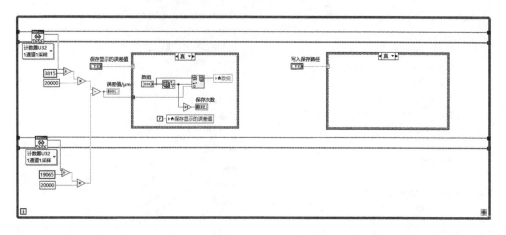

图 6-62　创建保存数据文件的程序

成后,会弹出如图 6-64 所示的对话框。

　　如图 6-65 所示,选择"文件格式"组下的"二进制(TDMS)"单选按钮、"数据段首"组下的"仅一个段首"单选按钮和"X 值(时间)列"组下的"仅一列"单选按钮;其他内容使用默认参数,单击"确定"按钮完成设置。

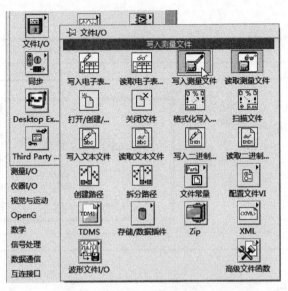

图 6-63　创建"写入测量文件"函数

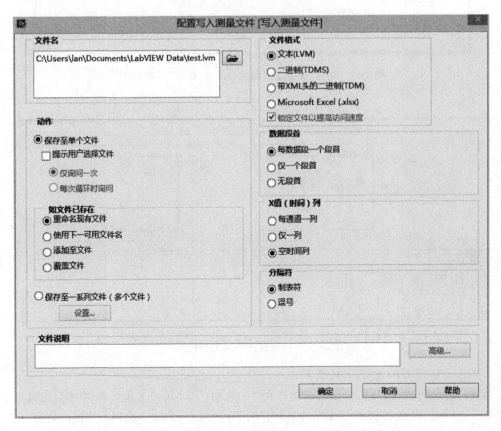

图 6-64　"配置写入测量文件"对话框

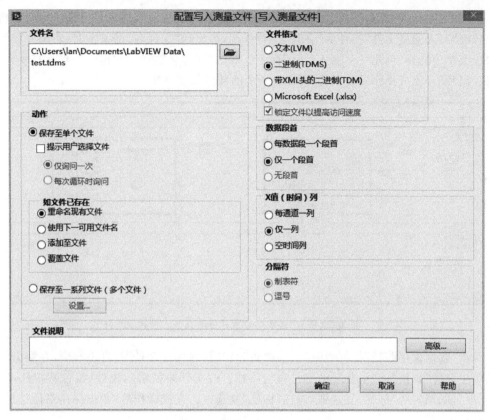

图 6-65 配置写入测量文件

完成设置后,在"写入测量文件"函数上右击,在弹出的快捷菜单中选择"显示为图标"命令,此时"写入测量文件"函数的显示结果为 ▦ 。完成操作后的内"While 循环"函数显示如图 6-66 所示的程序框图。

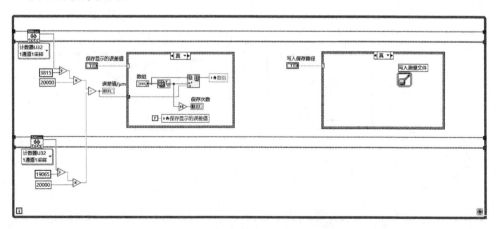

图 6-66 设置函数为"显示为图标"

为"写入测量文件"控件的"文件名"接线端设置参数并更改其输入控件显示样式。将鼠标放置在"写入测量文件"控件的"文件名"接线端,待出现"文件名"的文本时,右击并在弹出的快捷菜单中选择"创建"→"输入控件"命令。双击"文件名"控件的"标签",将其修改为"数据保存路径"。完成操作后显示如图 6-67 所示的部分程序框图。

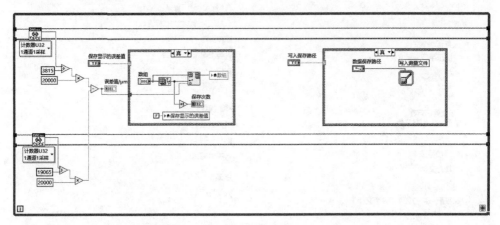

图 6-67　设置"文件名"接线端参数并更改其输入控件显示样式

双击"数据保存路径"控件,切换至前面板。在"数据保存路径"控件上右击,在弹出的快捷菜单中选择"替换"→"银色"→"字符串与路径"→"文件路径输入控件(银色)"控件,选择"显示项",取消勾选"标题"复选框,勾选"标签"复选框。完成操作后"数据保存路径"控件的显示结果为 。

右击"数组"控件,并在弹出的快捷菜单中选择"创建"→"局部变量"命令。在"数组(局部变量)"上右击,在弹出的快捷菜单中选择"转换为读取"命令,将"数组(局部变量)"的"输出"接线端与"写入测量文件"的"信号"接线端连接。完成操作后的内"While 循环"显示如图 6-68 所示的程序框图。

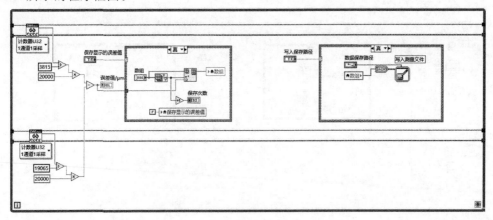

图 6-68　完成操作后的程序框图

右击"写入保存路径"控件,在弹出的快捷菜单中选择"创建"→"局部变量"命令,放置在内"条件结构"中。在"写入保存路径(局部变量)"的"输入"接线端处右击,在弹出的快捷菜单中选择"创建"→"常量"命令。完成操作后的内"While 循环"函数如图 6-69 所示。

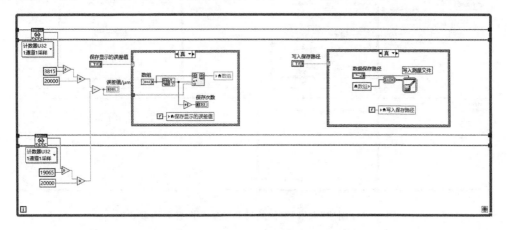

图 6-69　创建相应控件的局部变量和常量

(27) 创建显示数组数据的程序。在程序框图空白处右击,在弹出的快捷菜单中选择"函数"→"编程"→"结构"→"条件结构"函数。然后右击其"分支选择器",在弹出的快捷菜单中选择"创建输入控件"选项,双击"布尔"控件的"标签",将其修改为"生成曲线"。完成操作后的内"While 循环"函数如图 6-70 所示。

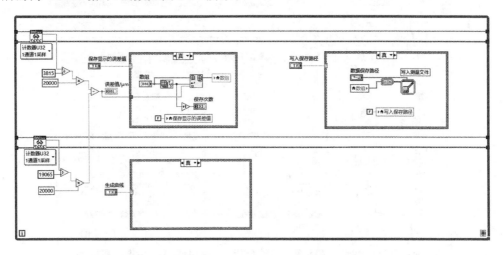

图 6-70　创建显示数组数据的程序

右击"数组"控件,在弹出的快捷菜单中选择"创建"→"局部变量"命令。在"数组(局部变量)"上右击,在弹出的快捷菜单中选择"转换为读取"命令。完成操作后的内"While 循环"显示如图 6-71 所示的程序框图。

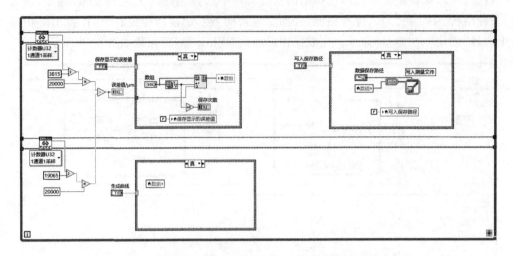

图 6-71 创建"数组"控件的局部变量并设置为读取状态

如图 6-72 所示,在程序框图空白处右击,进入"编程"选项面板,选择"函数"→"编程"→
"数组"→"重排数组维数"函数。将"重排数组维数"函数的"数组"接线端与"数组(局部变
量)"控件的"输出"接线端连接。完成操作后的内"While 循环"显示如图 6-73 所示的程序
框图。

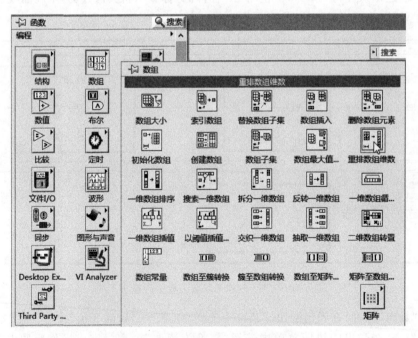

图 6-72 创建"重排数组维数"函数

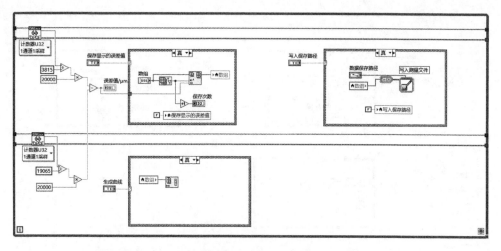

图 6-73　连接"重排数组维数"函数的"数组"接线端与"数组(局部变量)"的"输出"接线端

　　将"重排数组维数"函数进行拉伸,拓展出一个"维度大小"接线端,结果显示为 ▥ 。依次右击"重排数组维数"函数的两个"维度大小"接线端,在弹出的快捷菜单中选择"创建"→"常量"命令,分别赋值为 5、10。完成操作后的内"While 循环"显示如图 6-74 所示的程序框图。

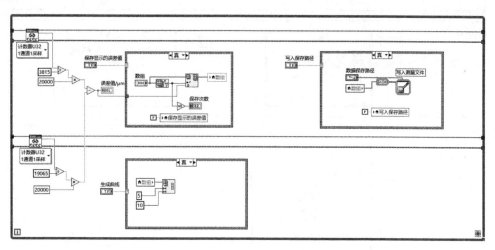

图 6-74　拉伸拓展一个"维度大小"接线端

　　在程序框图空白处右击,进入"编程"选项面板,选择"函数"→"编程"→"数组"→"索引数组"函数。将"索引数组"函数的"数组"接线端与"重排数组维数"函数的"输出数组"接线端连接。在"索引数组"函数的"禁用的索引(列)"端右击,在弹出的快捷菜单中选择"创建"→"常量"命令,并赋值为 0。完成操作后的内"While 循环"显示如图 6-75 所示的程序框图。

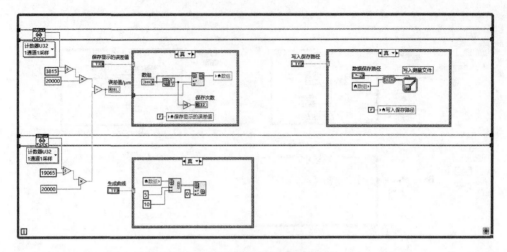

图 6-75　创建"索引数组"控件

然后依次创建 4 个"索引数组"函数,将每个"索引数组"函数的"数组"接线端与"重排数组维数"函数的"输出数组"接线端连接,并为其"禁用的索引(列)"接线端依次创建 0、1、2、3、4 常量。完成操作后的内"While 循环"函数显示如图 6-76 所示的程序框图。

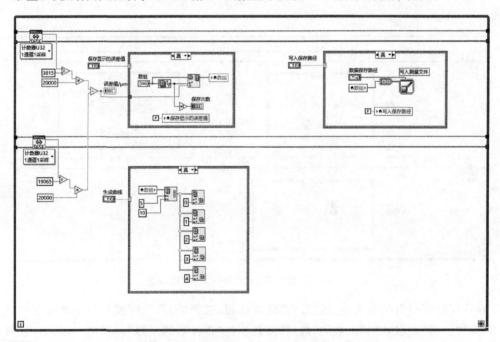

图 6-76　创建多个"索引数组"函数

在程序框图空白处右击,进入"编程"选项面板,选择"函数"→"编程"→"数组"→"创建数组"函数。将"创建数组"函数进行拉伸,拓展至 5 个"元素"接线端,结果显示为 ▦。5 个

"索引数组"函数的"子数组"端与"创建数组"函数的 5 个"元素"端依次相连。完成操作后的内"While 循环"显示如图 6-77 所示的程序框图。

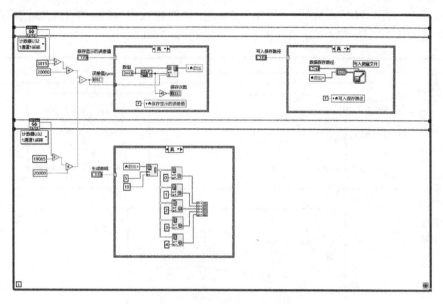

图 6-77　创建"创建数组"函数

选中 5 个"索引数组"函数,使用组合键 Ctrl＋C 进行复制;使用组合键 Ctrl＋V 进行粘贴,并将其"数组"接线端与"创建数组"函数的"添加的数组"接线端连接。完成操作后的内"While 循环"显示如图 6-78 所示的程序框图。

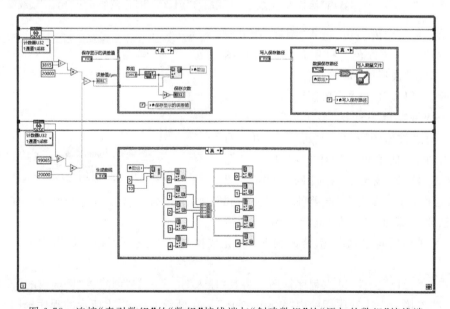

图 6-78　连接"索引数组"的"数组"接线端与"创建数组"的"添加的数组"接线端

在程序框图空白处右击,再次进入"编程"选项面板,选择"函数"→"编程"→"数组"→"创建数组"函数。将"创建数组"函数进行拉伸,拓展出 4 个"元素"接线端,结果显示为 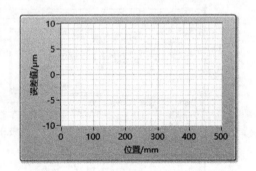。依次连接 5 个"索引数组"函数的"子数组"接线端与"创建数组"函数的 5 个"元素"接线端。完成操作后的内"While 循环"显示如图 6-79 所示的程序框图。

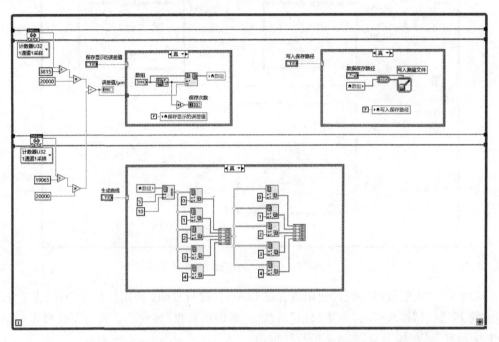

图 6-79　连接"索引数组"函数的"子数组"接线端与"创建数组"函数的 5 个"元素"接线端

在前面板空白处右击,进入"编程"选项面板,选择"控件"→"银色"→"图形"→"波形图(银色)",双击"波形图(银色)"控件的"标签",将其修改"正行程"。在"波形图"控件上右击,在弹出的快捷菜单中选择"显示项"→"标签"复选框,隐藏"波形图"控件的"标签"。再次右击,在弹出的快捷菜单中选择"显示项"→"图例"复选框,隐藏"波形图"控件的"图例"。双击 Y 轴名称,将其修改为"误差值/μm";用同样的方法修改 X 轴名称为"位置/mm"。并将

图 6-80　创建"波形图(银色)"控件并更改标签

X 轴的"X 轴标尺间隔"最大值修改为 500。完成操作后"正行程"控件显示为图 6-80 所示结果。

双击"正行程"控件,进入程序框图。将其"输入"接线端与"创建数组"函数的"添加的数组"接线端连接。完成操作后的内"While 循环"函数显示如图 6-81 所示的程序框图。

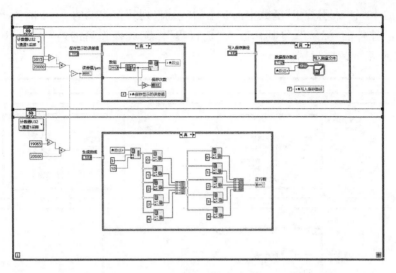

图 6-81　连接"正行程"控件的"输入"接线端与"创建数组"函数的"添加的数组"接线端

　　选中先前的 10 个"索引数组"函数和"正行程"控件,使用组合键 Ctrl＋C 进行复制;使用组合键 Ctrl＋V 进行粘贴。将前 5 个"索引数组"函数的"数组"接线端与"重排数组维数"函数的"输出数组"接线端连接。完成操作后的内"While 循环"函数显示如图 6-82 所示的程序框图。

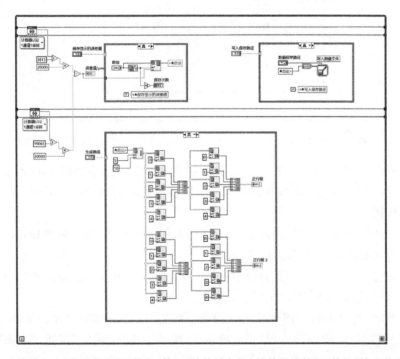

图 6-82　连接前 5 个"索引数组"函数的"数组"接线端与"重排数组维数"函数的"输出数组"接线端

　　将复制的 10 个"索引数组"函数中前 5 个的"索引(列)"接线端的 0~4 的值更改为 9~5。双击"正行程"控件的"标签",将其修改为"负行程"。完成操作后的内"While 循环"函数显示如图 6-83 所示的程序框图。

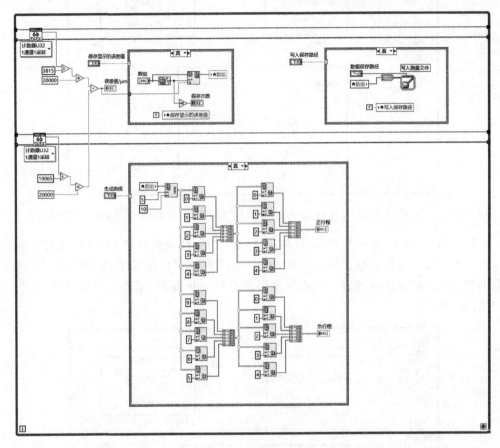

图 6-83　更改"索引数组"函数的"索引(列)"接线端的 0~4 的值及"正行程"控件的"标签"

　　为了使程序简洁,选择将换算的过程创建为"简单 VI"。选中如图 6-84 所示的部分,选择"编辑"→"创建子 VI"命令,如图 6-85 所示。完成操作后的内"While 循环"显示如图 6-86 所示的程序框图。

　　双击█图标,进入子 VI。进入子 VI 后,双击前面板右上端的█图标,进入图标编辑器。程序会弹出如图 6-87 所示的结果。

　　使用组合键 Ctrl+U 清除原有的图标。打开"符号"选项卡,在"按关键词过滤符号"文本框内输入"转换",显示如图 6-88 所示的结果。

　　双击⚙图标,再单击右侧图标显示区的合适位置,完成图标的放置。接着双击右侧工具栏中的▢图标。完成操作后,结果如图 6-89 所示。单击"确定"按钮完成图标编辑。

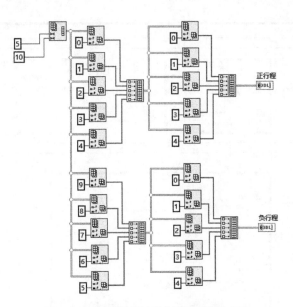

图 6-84 将换算的过程创建为"简单 VI"

图 6-85 创建子 VI

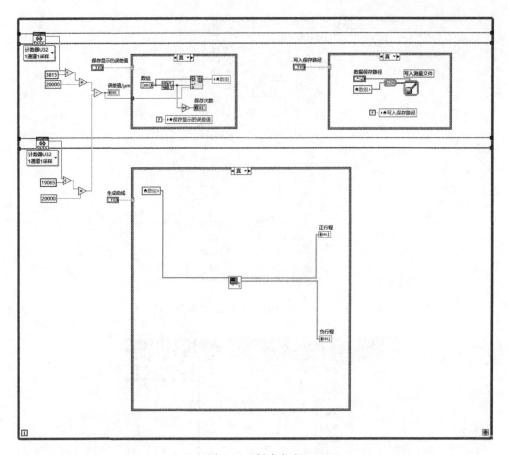

图 6-86 创建完成

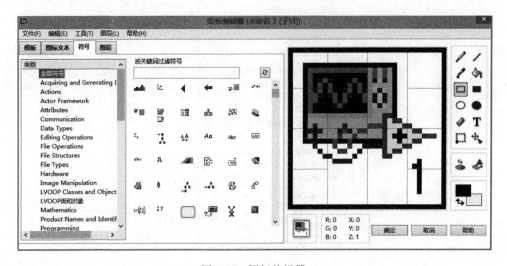

图 6-87 图标编辑器

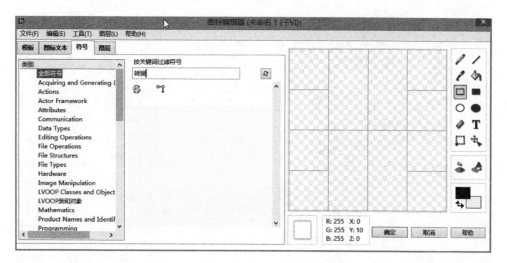

图 6-88　输入关键字

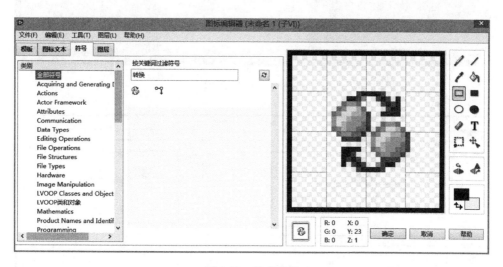

图 6-89　完成编辑

　　使用组合键 Ctrl＋S 保存子 VI，并命名为"数据处理"，完成操作后子 VI 的图标如图 6-90 所示。

　　退出"数据处理"子 VI，将主程序中的程序框图进行整理。完成操作后的内"While 循环"函数显示如图 6-91 所示的程序框图。

　　（28）为程序创建等待延时。在程序框图空白处右击，进入"编程"选项面板，选择"函数"→"编程"→"定时"→"等待"函数。并在其"等待时间（毫秒）"接线端右击，在弹出的快捷菜单中选择"创建"→"常量"命令，并将常量赋值为 100。完成操作后的内"While 循环"函数显示如图 6-92 所示的程序框图。

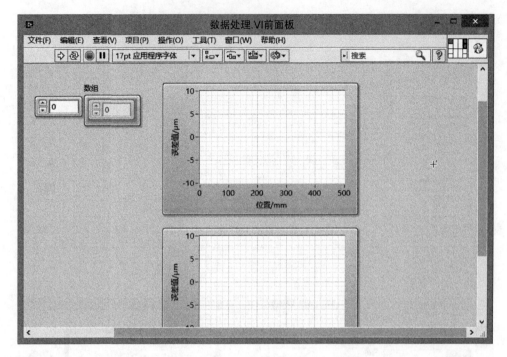

图 6-90　保存子 VI

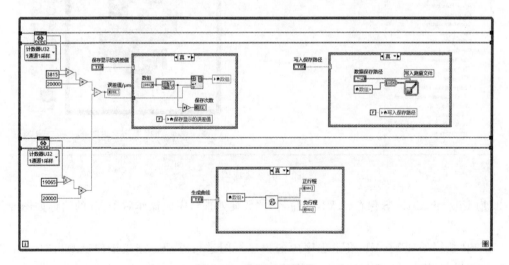

图 6-91　整理程序框图

（29）为测量模块和分析模块创建跳转程序。在程序框图空白处右击，进入"编程"选项面板，选择"函数"→"编程"→"结构"→"事件结构"函数。将其放置在总"While 循环"函数外，完成操作后显示如图 6-93 所示的程序框图。

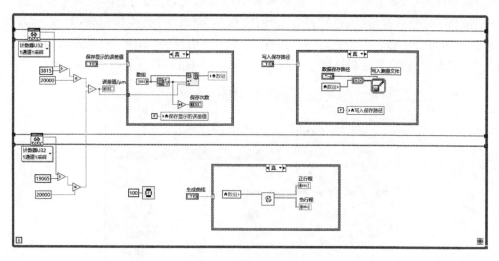

图 6-92 创建等待延时

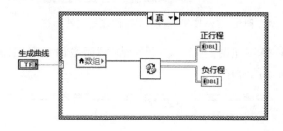

图 6-93 创建"事件结构"函数

切换至前面板,如图 6-94 所示,在前面板空白处右击,进入"控件"选项面板,选择"控件"→"银色"→"空白按钮(银色)"控件。将其"标签"修改为"转换按钮"后隐藏。"转换按钮"控件显示为 ▭ 。右击它,在弹出的快捷菜单中选择"显示项"→"布尔文本"命令,将"布尔文本"改为"转换至分析模块"。完成操作后"转换按钮"控件显示为 转换至分析模块 。

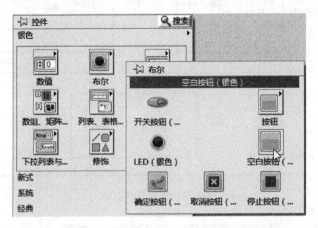

图 6-94 创建"空白按钮(银色)"控件并更改其标签

切换至程序框图,将"转换按钮"控件放入"事件结构"函数内。完成操作后的"事件结构"函数内显示如图 6-95 所示的程序框图。

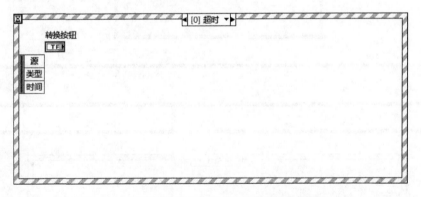

图 6-95 将"转换按钮"控件放入"事件结构"函数内

如图 6-96 所示,选中"事件结构"函数,右击并在弹出的快捷菜单中选择"编辑本分支所处理的事件"命令,程序会弹出如图 6-97 所示的"编辑事件"窗口。

如图 6-98 所示,在"事件源"组中选中"转换按钮"选项。单击"确定"按钮完成设置。完成操作后的"事件结构"函数内显示如图 6-99 所示的程序框图。

如图 6-100 所示,在程序框图空白处右击,进入"编程"选项面板,选择"函数"→"编程"→"文件 I/O"→"文件常量"→"当前 VI 路径"函数。完成操作后的"事件结构"函数内显示如图 6-101 所示的程序框图。

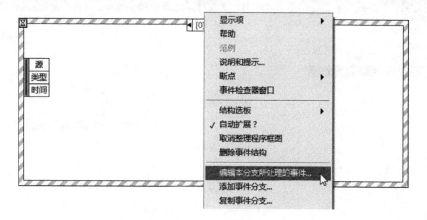

图 6-96 选择"编辑本分支所处理的事件"命令

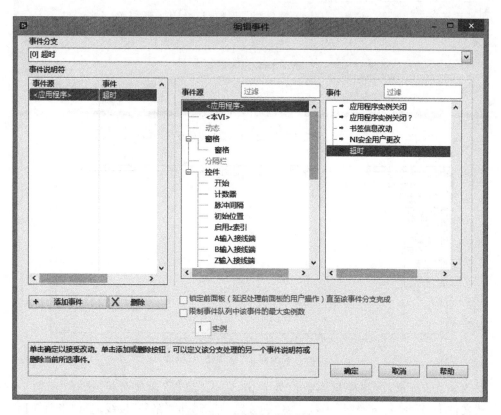

图 6-97 "编辑事件"窗口

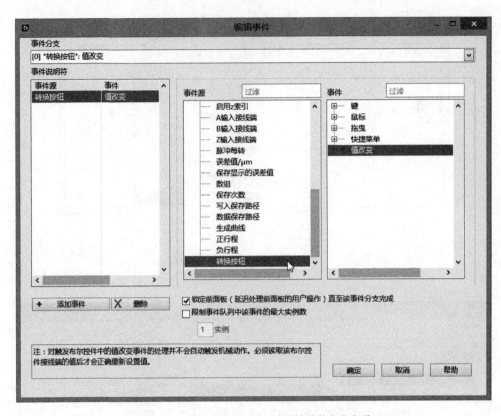

图 6-98　在"事件源"组中选择"转换按钮"选项

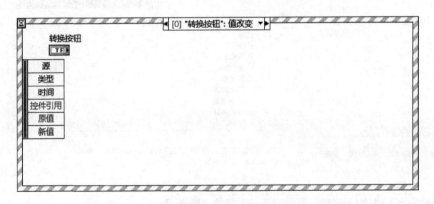

图 6-99　完成后的"事件结构"函数

　　如图 6-102 所示，在程序框图空白处右击，进入"编程"选项面板，选择"函数"→"编程"→"文件 I/O"→"拆分路径"函数。将"拆分路径"函数的"路径"接线端与"当前 VI 路径"函数的"路径"接线端连接。完成操作后的"事件结构"函数内显示如图 6-103 所示的程序框图。

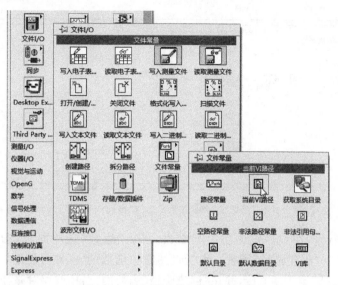

图 6-100 创建"当前 VI 路径"函数

图 6-101 完成后的程序框图

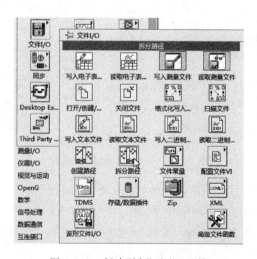

图 6-102 创建"拆分路径"函数

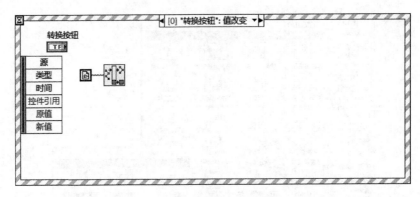

图 6-103　连接"拆分路径"函数的"路径"接线端与"当前 VI 路径"函数的"路径"接线端

如图 6-104 所示,在程序框图空白处右击,进入"编程"选项面板,选择"函数"→"编程"→"文件 I/O"→"创建路径"函数。将"创建路径"函数的"基路径"接线端与"拆分路径"函数的"拆分的路径"接线端连接,并在"创建路径"函数的"名称或相对路径"端右击,在弹出的快捷菜单中选择"创建"→"常量"命令,并为"字符串"常量赋值"定位精度分析模块.VI"。完成操作后的"事件结构"函数内显示如图 6-105 所示的程序框图。

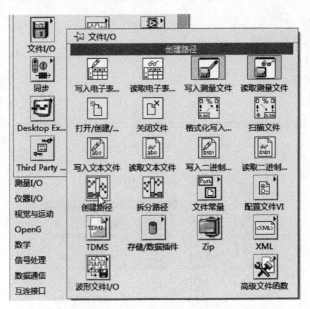

图 6-104　创建"创建路径"函数

如图 6-106 所示,在程序框图空白处右击,进入"编程"选项面板,选择"函数"→"编程"→"应用程序控制"→"打开 VI 引用"函数。将"打开 VI 引用"函数的"VI 路径"接线端与"创建路径"函数的"添加的路径"接线端连接。完成操作后的"事件结构"内显示如图 6-107 所示的程序框图。

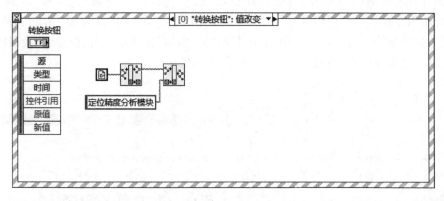

图 6-105 连接"创建路径"函数的"基路径"接线端与"拆分路径"函数的"拆分的路径"接线端

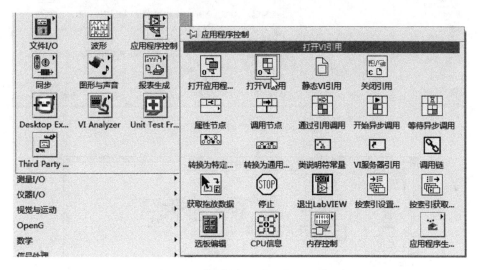

图 6-106 创建"打开 VI 引用"函数

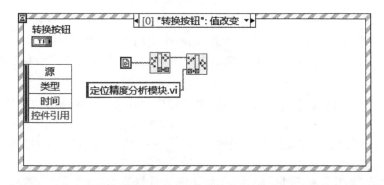

图 6-107 连接"打开 VI 引用"函数的"VI 路径"接线端与"创建路径"函数的"添加的路径"接线端

如图 6-108 所示,在程序框图空白处右击,进入"编程"选项面板,选择"函数"→"编程"→"应用程序控制"→"调用节点"函数。将"调用节点"函数的"引用"接线端和"错误输入(无错误)"接线端分别与"打开 VI 引用"函数的"VI 引用"接线端和"错误输出"接线端连接。完成操作后的"事件结构"内显示如图 6-109 所示的程序框图。

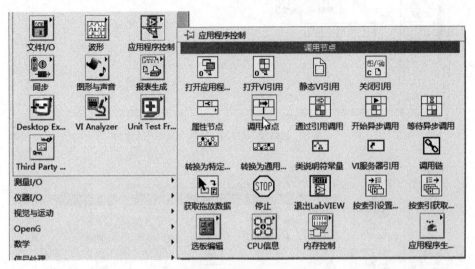

图 6-108　创建"调用节点"函数

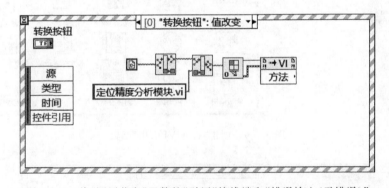

图 6-109　将"调用节点"函数的"引用"接线端和"错误输入(无错误)"
接线端分别与"打开 VI 引用"函数的"VI 引用"接线端和"错误输出"接线端连接

单击"调用节点"函数 的"方法"按钮,如图 6-110 所示,在弹出的快捷菜单中选择"前面板"→"打开"命令。完成操作后函数变为 。右击其 Activate 接线端,在弹出的快捷菜单中选择"创建"→"常量"命令,将创建的常量修改为"真常量"。然后右击其 State 接线端并选择"创建"→"常量"命令,将数组常量 改为 。完成操作后的

"事件结构"函数内显示如图 6-111 所示的程序框图。

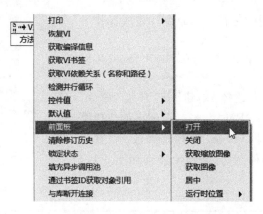

图 6-110　设置"调用节点"函数的属性

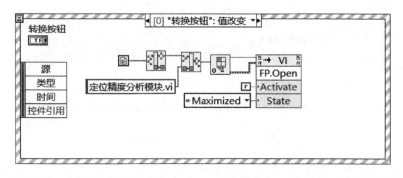

图 6-111　在"调用节点"函数的 Activate 接线端和 State 接线端处创建"常量"

在程序框图空白处右击，进入"编程"选项面板，选择"函数"→"编程"→"应用程序控制"→"调用节点"函数。将"调用节点"函数的"引用"接线端和"错误输入（无错误）"接线端分别与前一个"调用节点"函数的"引用输出"接线端和"错误输出"接线端连接。完成操作后的"事件结构"函数内显示如图 6-112 所示的程序框图。

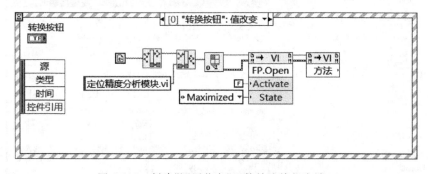

图 6-112　创建"调用节点"函数并连接相应端口

单击新创建的"调用节点"函数 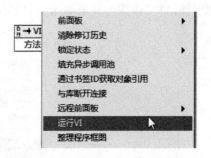 的"方法"按
钮,如图 6-113 所示,选择"运行 VI"命令。完成操作后

函数变为 ███。 右击其 Wait Until Done 接线

端,在弹出的快捷菜单中选择"创建"→"常量"命令。
然后右击其 Auto Dispose Ref 接线端,在弹出的快捷菜
单中选择"创建"→"常量"命令,并将其修改为"真常
量"。完成操作后的"事件结构"函数内显示如图 6-114
所示的程序框图。

图 6-113　选择"运行 VI"命令

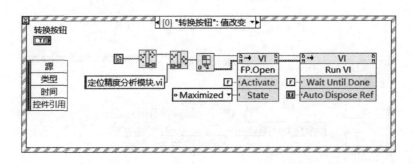

图 6-114　完成后的程序框图

如图 6-115 所示,在程序框图空白处右击,进入"编程"选项面板,选择"函数"→"编
程"→"应用程序控制"→"关闭引用"函数。将"关闭引用"函数的"引用"接线端和"错误输入
(无错误)"接线端分别与"调用节点"函数的"引用输出"接线端和"错误输出"接线端连接。
完成操作后的"事件结构"函数内显示如图 6-116 所示的程序框图。

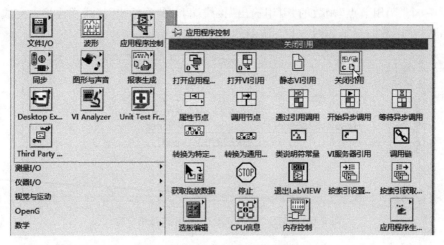

图 6-115　创建"关闭引用"函数

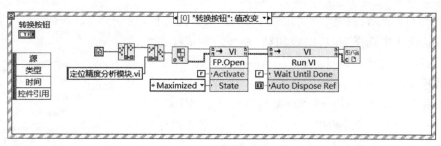

图 6-116　连接控件相应端口

如图 6-117 所示,在程序框图空白处右击,进入"编程"选项面板,选择"函数"→"编程"→"结构"→"平铺式顺序结构"函数。将其放置在"事件结构"函数内的程序框图中,完成操作后的"事件结构"函数内显示如图 6-118 所示的程序框图。

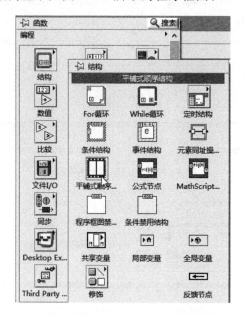

图 6-117　创建"平铺式顺序结构"函数

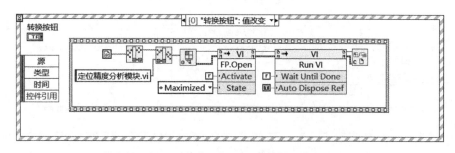

图 6-118　完成后的程序框图

如图 6-119 所示,右击"平铺式顺序结构"函数的边框,在弹出的快捷菜单中选择"在后面添加帧"命令。完成操作后的"事件结构"函数内显示如图 6-120 所示的程序框图。

在程序框图空白处右击,进入"编程"选项面板,选择"函数"→"编程"→"文件 I/O"→"文件常量"→"当前 VI 路径"函数。将其放置在"平铺式顺序结构"后一帧内,完成操作后的"事件结构"内显示如图 6-121 所示的程序框图。

在程序框图空白处右击,进入"编程"选项面板,选择"函数"→"编程"→"应用程序控制"→"打开 VI 引用"函数。将"打开 VI 引用"函数的"VI 路径"接线端与"当前 VI 路径"函数的"路径"接线端连接。完成操作后的"事件结构"函数内显示如图 6-122 所示的程序框图。

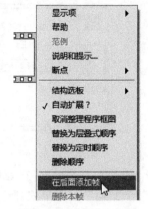

图 6-119　选择"在后面添加帧"命令

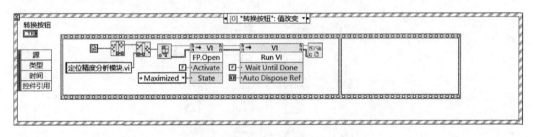

图 6-120　完成后的程序框图

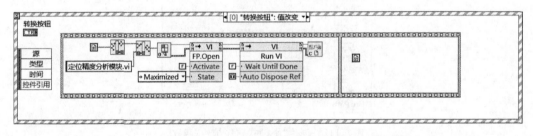

图 6-121　创建"当前 VI 路径"函数

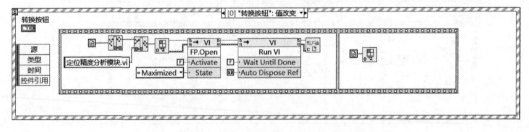

图 6-122　创建"打开 VI 引用"函数并连接控件相应端口

在程序框图空白处右击,进入"编程"选项面板,选择"函数"→"编程"→"应用程序控制"→"调用节点"函数。将"调用节点"函数的"引用"接线端和"错误输入(无错误)"接线端分别与"打开 VI 引用"函数的"VI 引用"接线端和"错误输出"接线端连接。完成操作后的"事件结构"函数内显示如图 6-123 所示的程序框图。

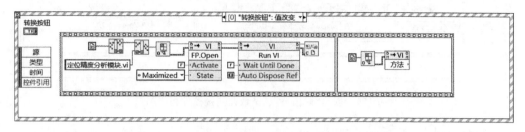

图 6-123　创建"调用节点"函数并连接控件相应端口

单击"调用节点"函数 ![方法] 的"方法"按钮,如图 6-124 所示,选择"前面板"→"关闭"命令。完成操作后函数变为 ![FP.Close]。完成操作后的"事件结构"函数内显示如图 6-125 所示的程序框图。

图 6-124　选择"前面板"→"关闭"命令

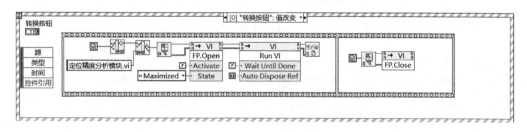

图 6-125　完成后的程序框图

在程序框图空白处右击,进入"编程"选项面板,选择"函数"→"编程"→"应用程序控制"→"调用节点"函数。将"调用节点"函数的"引用"接线端和"错误输入(无错误)"接线端分别与前一个"调用节点"函数的"引用输出"接线端和"错误输出"接线端连接。完成操作后的"事件结构"函数内显示如图 6-126 所示的程序框图。

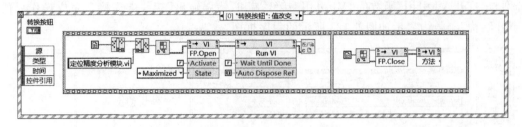

图 6-126　创建"调用节点"函数并连接控件相应端口

在"调用节点"函数 的"方法"处单击,如图 6-127所示,选择"中止 VI"命令。完成操作后函数变为。完成操作后的"事件结构"内显示如图 6-128 所示的程序框图。

在程序框图空白处右击,进入"编程"选项面板,选择"函数"→"编程"→"应用程序控制"→"关闭引用"函数。将"关闭引用"函数的"引用"接线端和"错误输入(无错误)"接线端分别与"调用节点"函数的"引用输出"接线端和"错误输出"接线端连接。完成操作后的"事件结构"函数内显示如图 6-129 所示的程序框图。

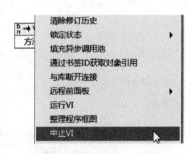

图 6-127　选择"中止 VI"命令

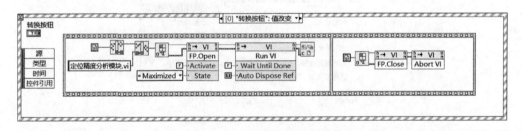

图 6-128　完成后的程序框图

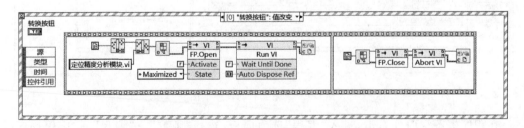

图 6-129　创建"关闭引用"函数并连接其相应端口

（30）为程序创建停止按钮，并完善程序。切换至前面板，如图 6-130 所示，在前面板空白处右击，选择进入"控件"选项面板，选择"控件"→"银色"→"停止按钮（银色）"控件。隐藏控件的"标签"，完成操作后"停止按钮"控件显示为 。

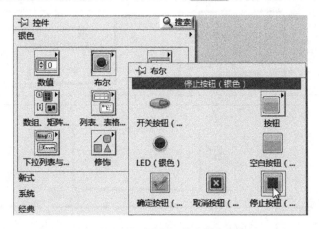

图 6-130　为程序创建"停止按钮"控件

创建错误发生时的停止条件。如图 6-131 所示，在程序框图空白处右击，进入"编程"选项面板，选择"函数"→"编程"→"簇、类与变体"→"按名称解除捆绑"函数，并将其放置在内"While 循环"中。依次创建 2 个"按名称解除捆绑"函数，将其"输入簇"接线端分别与 2 个"DAQmx 读取"函数的"错误输出"接线端进行连接。完成操作后的内"While 循环"显示如图 6-132 所示的程序框图。

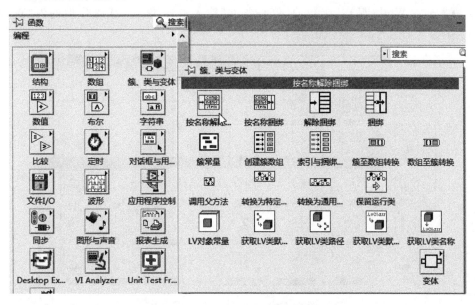

图 6-131　创建"按名称解除捆绑"函数

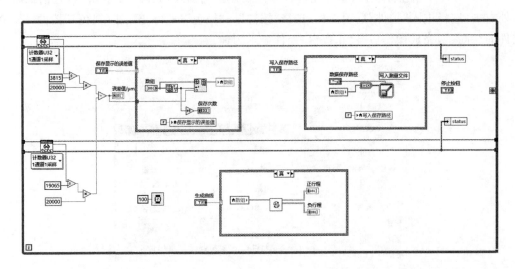

图 6-132 完成操作后的程序框图

如图 6-133 所示,在程序框图空白处右击,进入"编程"选项面板,选择"函数"→"编程"→"数值"→"复合运算"函数,"复合运算"函数显示为 ▭◆。将"复合运算"函数扩展至 3 个输入端,并单击"复合运算"的"＋"按钮,如图 6-134 所示,在弹出的快捷菜单中选择"更改模式"→"或"选项。依次将"复合运算"函数的"值"接线端与 2 个"按名称解除捆绑"函数的 status 接线端及"停止按钮"控件的"输出"接线端进行连接。最后将"复合运算"函数的"结果"接线端与内"While 循环"函数的"停止条件"输入端连接。完成操作后的内"While 循环"函数中显示如图 6-135 所示的程序框图。

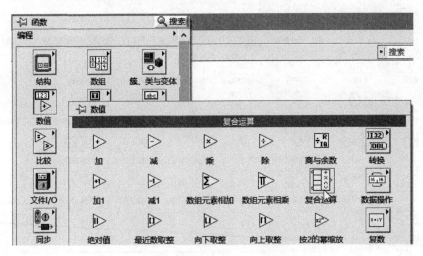

图 6-133 创建"复合运算"函数

图 6-134　选择"更改模式"→"或"选项

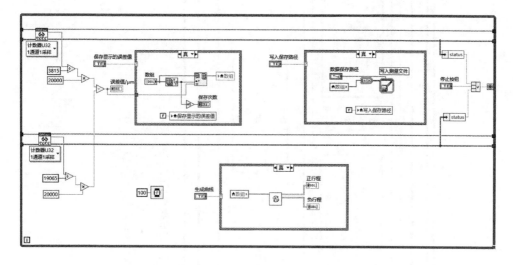

图 6-135　完成操作后的程序框图

　　右击"停止按钮"控件,在弹出的快捷菜单中选择"创建"→"局部变量"命令,将创建的"局部变量"放置在总"While 循环"函数中。右击"停止按钮"控件的"局部变量"的"输入"接线端,在弹出的快捷菜单中选择"创建"→"局部变量"命令。如图 6-136 所示,右击"停止按钮"控件的(局部变量),在弹出的快捷菜单中选择"转换为读取"命令。将"停止按钮"控件的"局部变量"的"输出"接线端与总"While 循环"函数的"停止条件"的输入端连接。完成操作后的总"While 循环"函数中显示如图 6-137 所示的程序框图。

图 6-136　将"局部变量"转换为读取

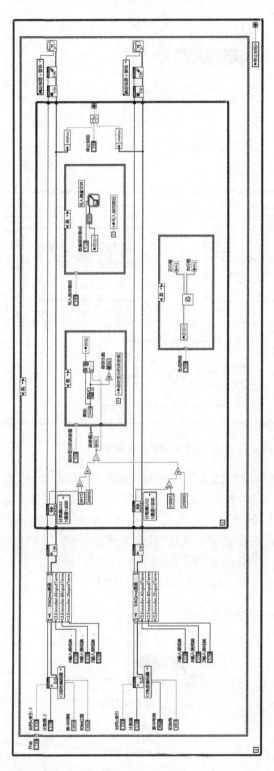

图 6-137　完成操作后的程序框图

因为"停止按钮"控件的"机械动作"不满足创建"局部变量"的条件，所以需要对"停止按钮"控件的机械动作进行更改。双击"停止按钮"控件，跳转至前面板，如图 6-138 所示，右击"停止按钮"控件，在弹出的快捷菜单中选择"机械动作"→"释放时转换"命令。

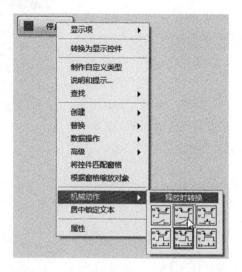

图 6-138　更改"停止按钮"控件的机械动作

至此，对定位精度测量模块程序框图的编制结束。

6.2.3　滚珠丝杠副定位精度测量模块前面板制作

在 6.2.2 节对定位精度测量的程序框图进行了编制，在编制的同时也涉及了对输入/输出控件的创建。如图 6-139 所示，在程序框图中创建的控件均为乱序。因此本节的主要内容为对已创建的输入/输出控件做进一步的设置和排版。

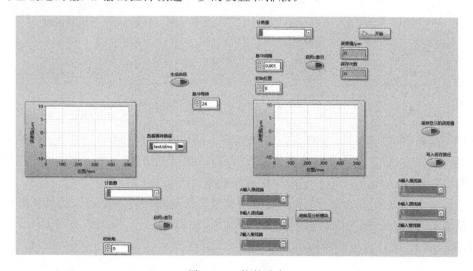

图 6-139　控件乱序

与 5.2.3 节的排版方式一致,将各个功能的控件放在一起,添加说明性的文字和图片,完成前面板的排版。

(1)如图 6-140 所示,将实现完成一个功能的控件放置在一起。同时为图片和说明性的文字留出间隙。依次完成排版后,显示如图 6-141 所示的前面板。

(2)为"通道类"控件设置装饰。如图 6-142 所示,在前面板空白处右击,进入"控件"选项面板,选择"控件"→"银色"→"修饰"→"圆盒(银色)"控件。

图 6-140 按顺序排版控件

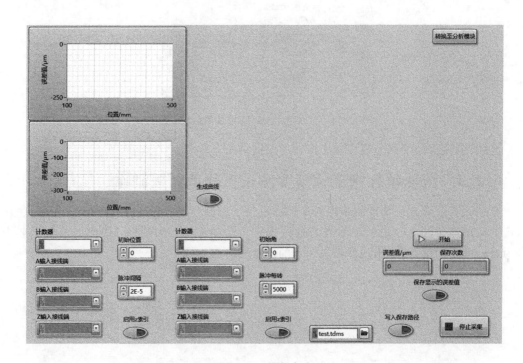

图 6-141 排版完成

选中"圆盒(银色)"控件,如图 6-143 所示,在工具栏上选择"重新排序"→"移至后面"命令。然后将"圆盒(银色)"控件移动至各模块的后面,并调整好大小,添加提供的定位精度的修饰图片以及相应的说明文字。完成操作后的结果如图 6-144 所示。

至此,定位精度测量模块已完成前面板的设置。上述操作仅为编程者提供排版的一种方式,读者可根据自己的想法创建不同的控件风格和排版模式。使用组合键 Ctrl+S 保存子 VI,并命名为"定位精度测量模块"。

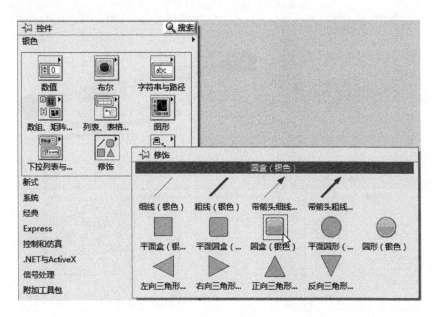

图 6-142 为"通道类"控件设置装饰

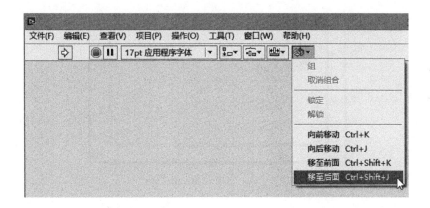

图 6-143 选择"重新排序"→"移至后面"命令

6.2.4 滚珠丝杠副定位精度分析模块程序框图编制

(1) 新建 VI。切换至程序框图,创建"条件结构"和"While 循环"结构,并将其放置在程序框图适当的位置,结果如图 6-145 所示。

(2) 设置"条件结构"的条件和控件显示样式。右击"条件结构"函数的"分支选择器",在弹出的快捷菜单中选择"创建输入控件"命令。双击"布尔"控件的"标签",将其修改为"生成分析数据",如图 6-146 所示。

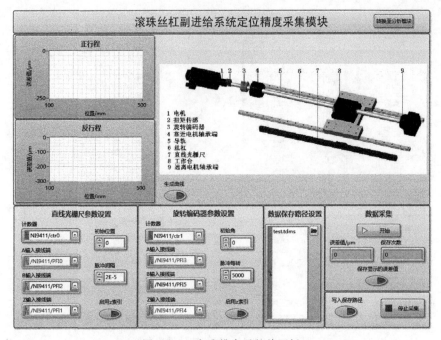

图 6-144　完成排序后的前面板

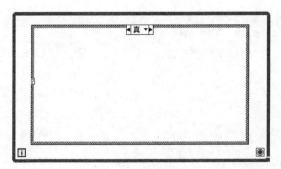

图 6-145　创建外部循环结构

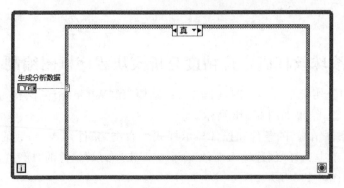

图 6-146　设置"条件结构"的条件和控件显示样式

切换至前面板,如图 6-147 所示,右击"开始"控件,在弹出的快捷菜单中选择"替换"→"银色"→"布尔"→"按钮"→"播放按钮(银色)"控件,隐藏控件的"标签","开始"控件显示为 ▷ 播放 ,然后将其"布尔文本"修改为"生成分析数据",结果显示为 ▷ 生成分析数据 。

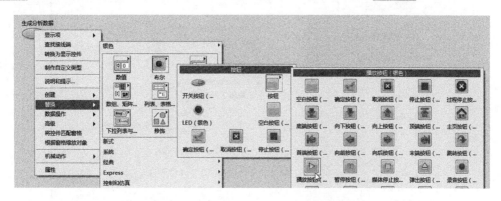

图 6-147 创建"播放按钮(银色)"控件并隐藏其"标签"

(3) 创建读取文件数据的程序。如图 6-148 所示,在程序框图空白处右击,进入"编程"选项面板,选择"函数"→"编程"→"文件 I/O"→"读取测量文件"函数,放置在"条件结构"的"真"分支内。当放置完成后,弹出如图 6-149 所示的对话框。

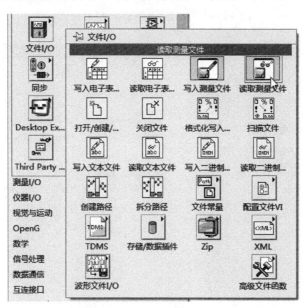

图 6-148 创建"读取测量文件"函数

如图 6-150 所示,选中"文件格式"组下的"二进制(TDMS)"单选按钮,其他内容使用默认参数,单击"确定"按钮完成设置。

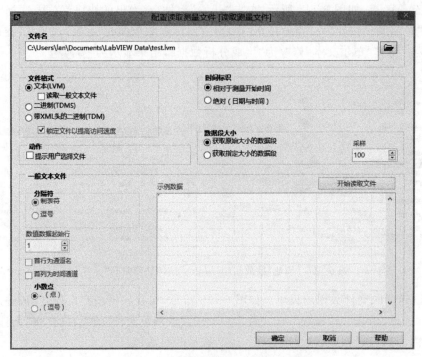

图 6-149　"配置读取测量文件"对话框

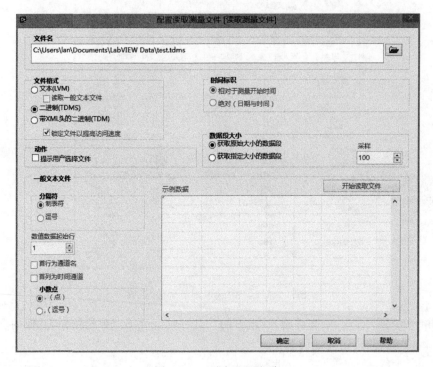

图 6-150　更改配置选项

完成设置后,右击"读取测量文件"函数,在弹出的快捷菜单中选择"显示为图标"命令,此时"读取测量文件"函数显示为 ![图标]。完成操作后显示如图 6-151 所示的程序框图。

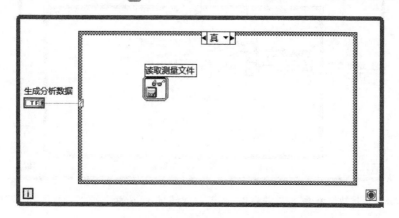

图 6-151　完成操作后的程序框图

为"读取测量文件"函数的"文件名"接线端设置参数并更改其输入控件显示样式。将鼠标放置在"读取测量文件"函数的"文件名"接线端,待出现"文件名"文本时右击,在弹出的快捷菜单中选择"创建"→"输入控件"命令。双击"文件名"控件的"标签"并将其修改为"数据读取路径"。完成操作后显示如图 6-152 所示的程序框图。

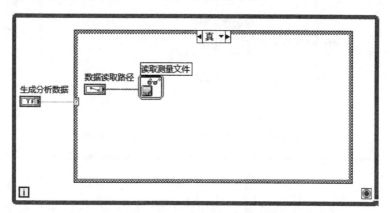

图 6-152　设置函数的"文件名"接线端参数并更改其输入控件显示样式

双击"数据读取路径"控件,切换至前面板。右击"数据读取路径"控件,在弹出的快捷菜单中选择"替换"→"银色"→"字符串与路径"→"文件路径输入控件(银色)"控件,选择"显示项"菜单项,取消勾选"标题"复选框,勾选"标签"复选框。完成操作后"数据读取路径"控件的显示结果为 ![test.tdms]。

（4）进行数据转换。在程序框图空白处右击,进入"编程"选项面板,选择"函数"→"编程"→"数组"→"重排数组维数"函数。将其"数组"接线端与"读取测量文件"函数的"信号"

端连接。完成操作后显示如图 6-153 所示的程序框图。

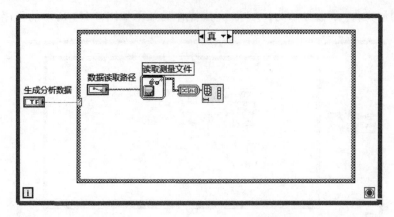

图 6-153 创建"重排数组维数"控件并将其"数组"接线端与"读取测量文件"函数的"信号"接线端连接

将"重排数组维数"函数拉伸拓展出一个"维度大小"接线端,结果显示为 ▦。在"重排数组维数"函数两个"维度大小"接线端依次右击,在弹出的快捷菜单中选择"创建"→"常量"命令,分别赋值 10、5。完成操作后显示如图 6-154 所示的程序框图。

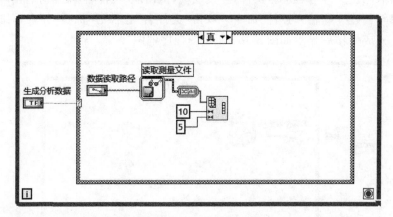

图 6-154 完成操作后的程序框图

在程序框图空白处右击,进入"编程"选项面板,选择"函数"→"编程"→"数组"→"索引数组"函数。将"索引数组"函数的"数组"接线端与"重排数组维数"函数的"输出数组"接线端连接。右击"索引数组"函数的"索引(行)"接线端,在弹出的快捷菜单中选择"创建"→"常量"命令,并将创建的常量赋值为 0。完成操作后显示如图 6-155 所示的程序框图。

然后依次创建 9 个"索引数组"函数,将每个"索引数组"函数的"数组"接线端与"重排数组维数"函数的"输出数组"接线端连接,并为各"索引(列)"接线端分别创建值为 1～9 的常量。完成操作后显示如图 6-156 所示的程序框图。

如图 6-157 所示,在程序框图空白处右击,进入"编程"选项面板,选择"函数"→"编程"→"数组"→"反转一维数组"函数。创建 5 个"反转一维数组"函数,将其"数组"接线端分

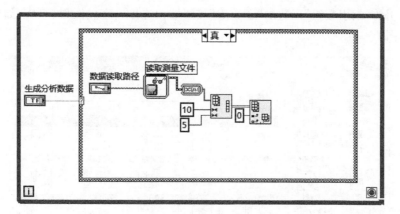

图 6-155 完成操作后的程序框图

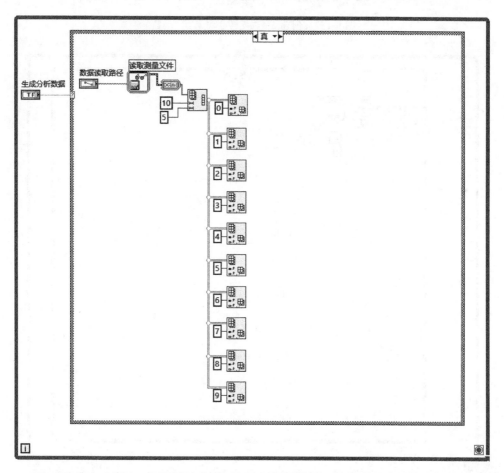

图 6-156 完成操作后的程序框图

别与奇数索引的"索引数组"函数的"子数组"接线端相连接。完成操作后显示如图 6-158 所示的程序框图。

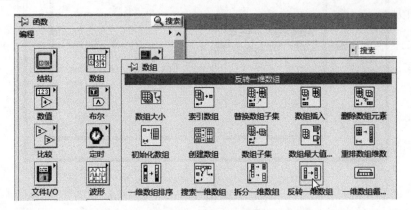

图 6-157 创建 5 个"反转一维数组"函数

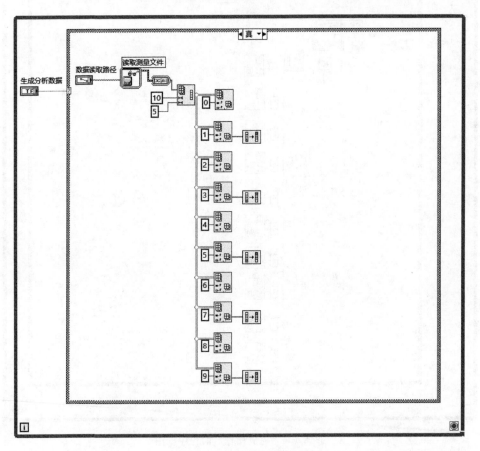

图 6-158 连接控件相应的端口

在程序框图空白处右击,进入"编程"选项面板,选择"函数"→"编程"→"数组"→"创建数组"函数。将"创建数组"函数拉伸拓展出 9 个"元素"接线端。将 5 个"索引数组"函数的"子数组"接线端及 5 个"反转一维数组"函数的"反转的数组"接线端与"创建数组"函数的 10 个"元素"接线端依次相连。完成操作后显示如图 6-159 所示的程序框图。

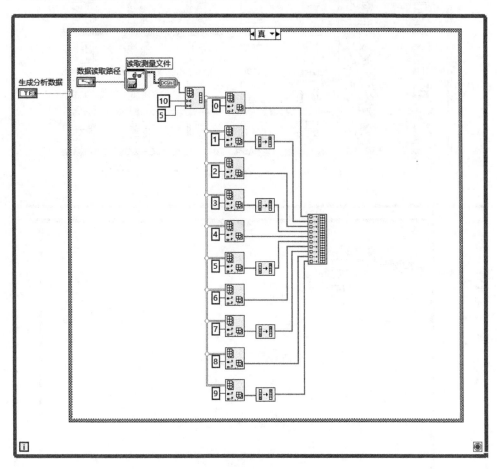

图 6-159　创建"创建数组"函数并连接相应控件的端口

如图 6-160 所示,在程序框图空白处右击,进入"编程"选项面板,选择"函数"→"编程"→"数组"→"二维数组转置"函数。将"二维数组转置"函数的"二维数组"接线端与"创建数组"函数的"添加的数组"接线端相连。完成操作后显示如图 6-161 所示的程序框图。

在程序框图空白处右击,进入"编程"选项面板,选择"函数"→"编程"→"数组"→"索引数组"函数。将"索引数组"函数的"数组"接线端与"二维数组转置"函数的"转置的数组"接线端相连。右击"索引数组"函数的"禁用的索引(列)"接线端,在弹出的快捷菜单中选择"创建"→"常量"命令,并将创建的常量赋值为 0。完成操作后显示如图 6-162 所示的程序框图。

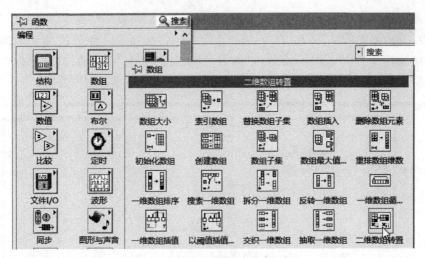

图 6-160　创建"二维数组转置"函数

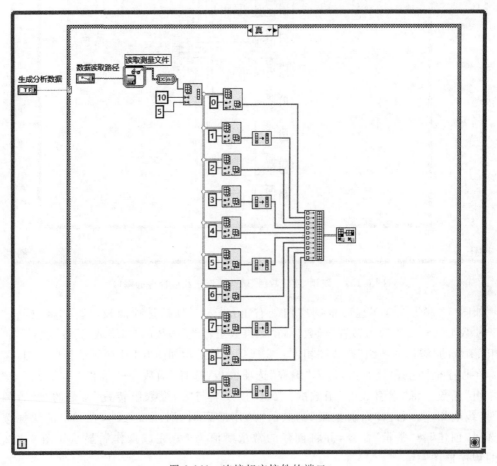

图 6-161　连接相应控件的端口

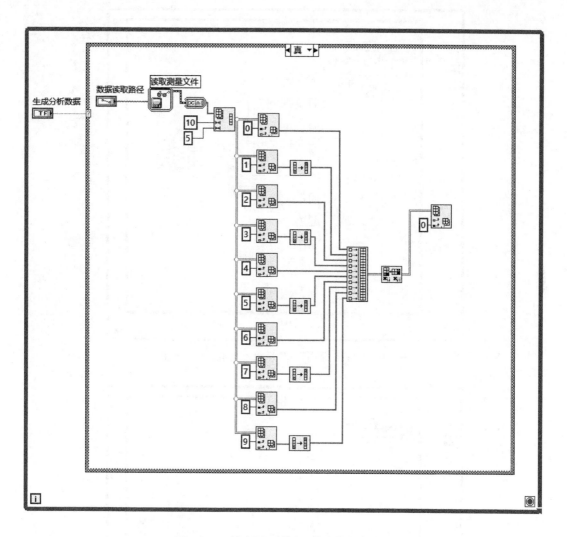

图 6-162　创建"索引数组"并连接相应端口

　　将"索引数组"函数展开，再拓展 4 组索引端，并为"索引（列）"接线端依次赋值为 2、4、6、8。完成操作后显示如图 6-163 所示的程序框图。

　　在程序框图空白处右击，进入"编程"选项面板，再次选择"函数"→"编程"→"数组"→"创建数组"函数。将"创建数组"函数拉伸，拓展出 5 个"元素"接线端，并将其与"索引数组"函数的 5 个"子数组"接线端相连。完成操作后显示如图 6-164 所示的程序框图。

　　如图 6-165 所示，将图示"索引数组"函数使用 Ctrl＋C 组合键复制；再用 Ctrl＋V 组合键粘贴，将其"数组"接线端与"创建数组"函数的"添加的数组"接线端相连，并将常量 2、4、6、8 分别替换为 1、2、3、4。完成操作后显示如图 6-166 所示的程序框图。

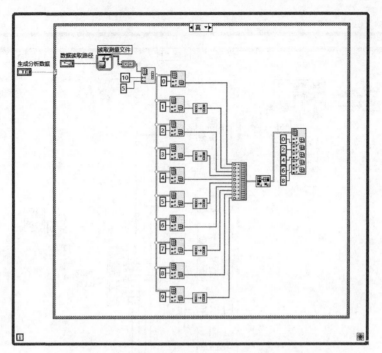

图 6-163　拓展"索引数组"函数 4 组索引端并赋值

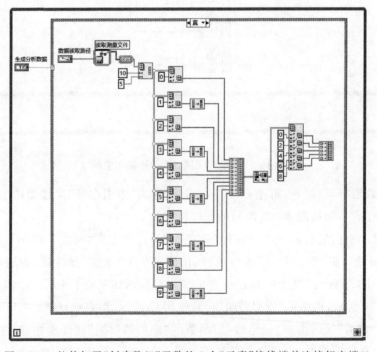

图 6-164　拉伸拓展"创建数组"函数的 5 个"元素"接线端并连接相应端口

图 6-165 连接"索引数组"函数的"数组"接线端与"创建
数组"函数的"添加的数组"接线端

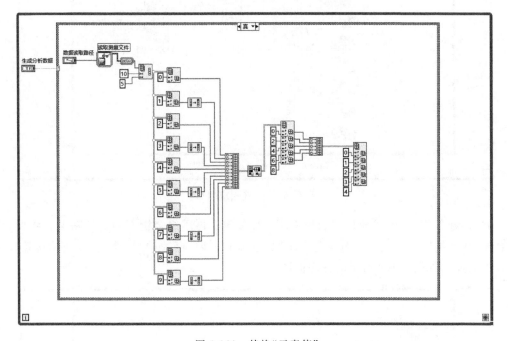

图 6-166 替换"元素值"

如图 6-167 所示,在程序框图空白处右击,进入"编程"选项面板,选择"函数"→"数学"→"概率与统计"→"标准差和方差"函数。创建 5 个"标准差和方差"函数,这些函数的 X 接线端分别与上一步操作中"索引数组"函数的 5 个"子数组"接线端依次连接。完成操作后显示如图 6-168 所示的程序框图。

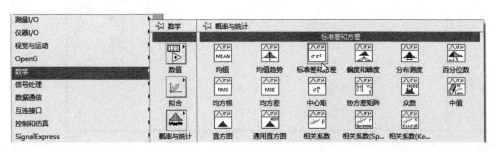

图 6-167 创建 5 个"标准差和方差"函数

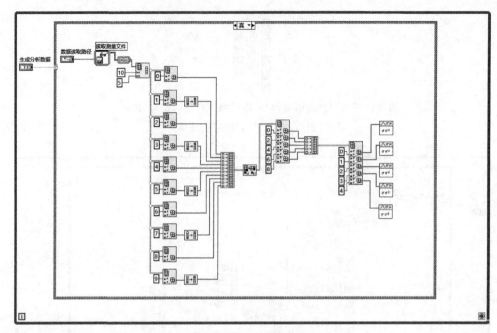

图 6-168　连接相应端口

　　将"创建数组"函数▦使用组合键 Ctrl＋C 复制；再用组合键 Ctrl＋V 粘贴。将此"创建数组"函数的"元素"接线端分别与 5 个"标准差和方差"函数的"标准差"接线端连接。完成操作后显示如图 6-169 所示的程序框图。

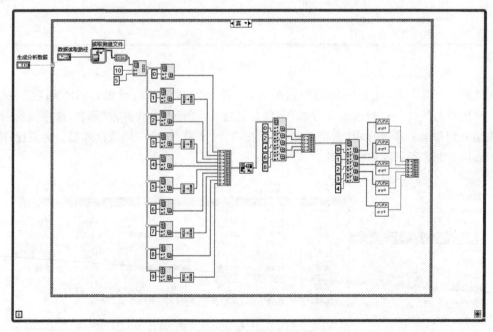

图 6-169　连接控件相对应端口

如图 6-170 所示,在程序框图空白处右击,进入"编程"选项面板,选择"函数"→Express→"信号分析"→"统计"函数。完成后弹出如图 6-171 所示的对话框。

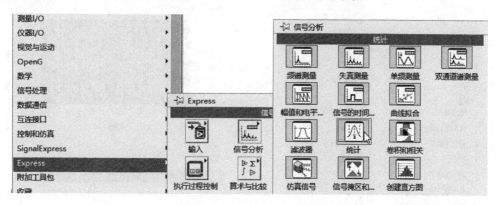

图 6-170 创建"统计"控件

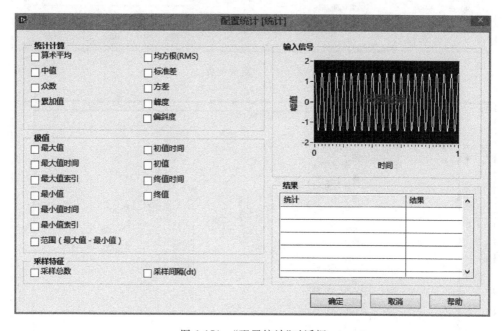

图 6-171 "配置统计"对话框

如图 6-172 所示,勾选"极值"组下"最大值"复选框,其他内容使用默认参数,单击"确定"按钮完成设置。

完成设置后,右击"统计"函数,在弹出的快捷菜单中选择"显示为图标"命令,"统计"函数的显示结果为 ⬚。将"统计"函数的"标签"修改为"统计(最大值)",将"统计(最大值)"函数的"信号"接线端与"创建数组"函数的"添加的数组"接线端连接。完成操作后显示如图 6-173 所示的程序框图。

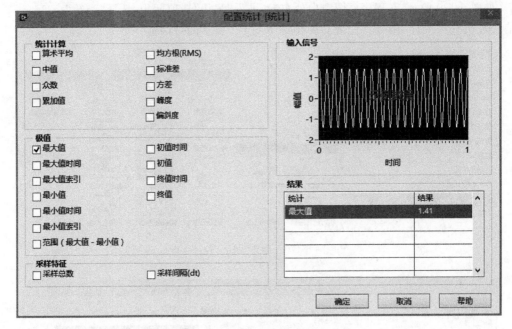

图 6-172 更改配置

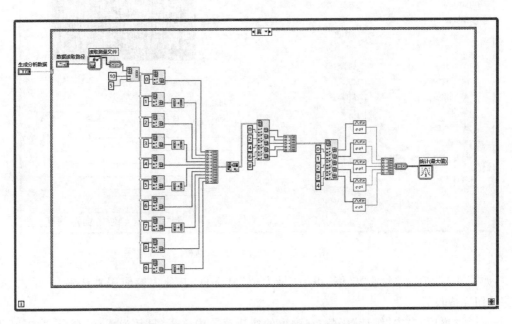

图 6-173 更改标签并连接控件相对应的端口

如图 6-174 所示,在程序框图空白处右击,进入"编程"选项面板,选择"函数"→Express→"信号操作"→"从动态数据转换"函数。完成后弹出如图 6-175 所示的对话框。

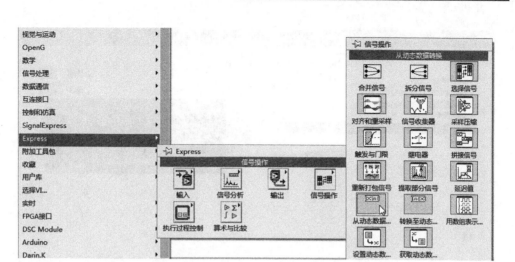

图 6-174　创建"从动态数据转换"函数

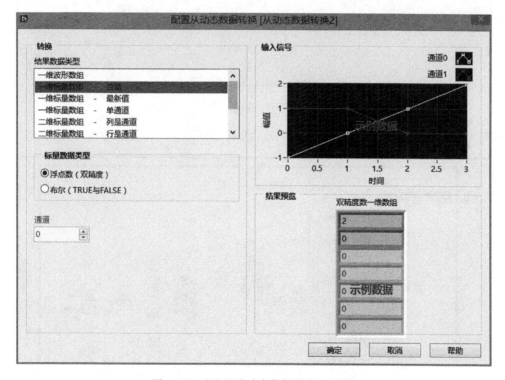

图 6-175　"配置从动态数据转换"对话框

　　如图 6-176 所示,选择"转换"组下的"单一标量",其他内容使用默认参数,单击"确定"按钮完成设置。

　　将"从动态数据转换"函数的"动态数据类型"接线端与"统计(最大值)"函数的"最大值"

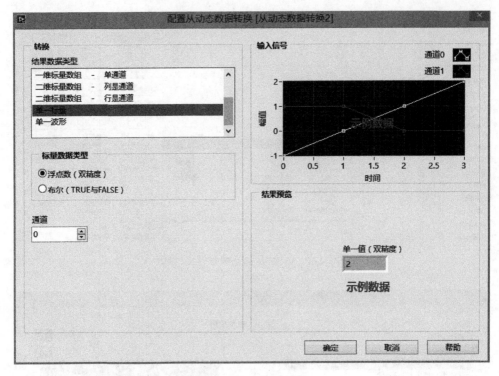

图 6-176　更改配置

接线端连接。完成操作后显示如图 6-177 所示的程序框图。

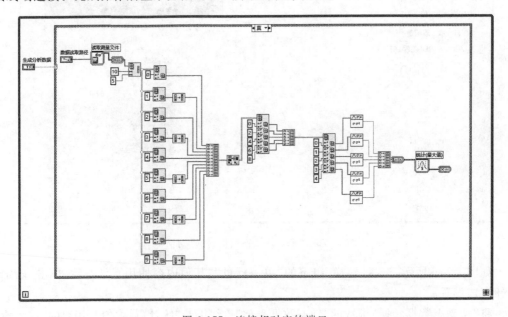

图 6-177　连接相对应的端口

　　在程序框图空白处右击,进入"编程"选项面板,选择"函数"→"编程"→"数值"→"乘"函数,将"从动态数据转换"函数的"标量"接线端与"乘"函数的 x 接线端连接。右击"乘"函数的 y 接线端,在弹出的快捷菜单中选择"创建"→"常量"命令,并将其赋值为 4。完成操作后显示如图 6-178 所示的程序框图。

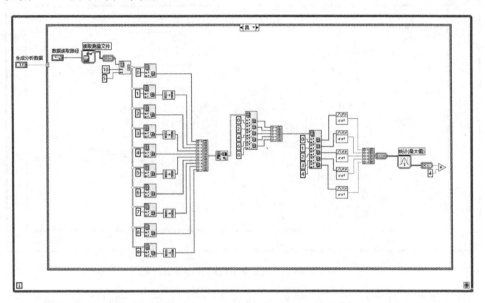

图 6-178　完成操作后的程序框图

　　右击"乘"函数的 x＊y 接线端,在弹出的快捷菜单中选择"创建"→"显示控件"命令,并将其"标签"修改为"正向重复定位精度"。完成操作后显示如图 6-179 所示的程序框图。

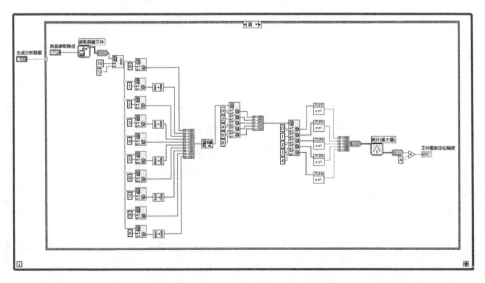

图 6-179　完成操作后的程序框图

使用组合键 Ctrl＋C 复制"创建数组"函数█，再用组合键 Ctrl＋V 粘贴。将此"创建数组"函数的"元素"接线端分别与 5 个"标准差和方差"函数的"均值"端连接。完成操作后显示如图 6-180 所示的程序框图。

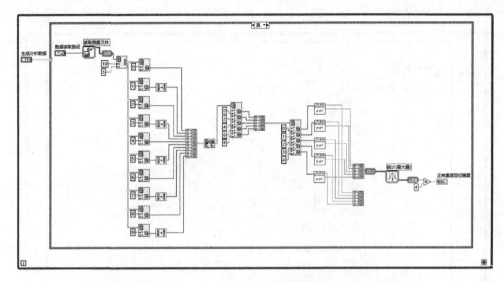

图 6-180　完成操作后的程序框图

在程序框图空白处右击，进入"编程"选项面板，选择"函数"→"编程"→"数值"→"乘"函数。然后右击"乘"函数的 y 接线端，在弹出的快捷菜单中选择"创建"→"常量"命令，并将其赋值为 2。将上端的"创建数组"函数的"添加的数组"接线端与"乘"函数的 x 接线端连接。完成操作后显示如图 6-181 所示的程序框图。

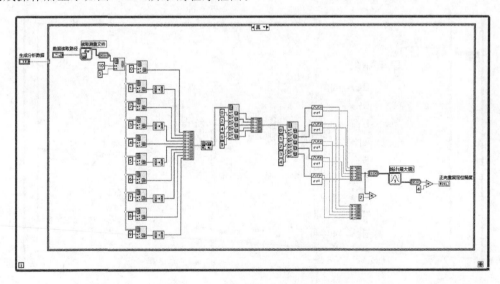

图 6-181　完成操作后的程序框图

在程序框图空白处右击,进入"编程"选项面板,选择"函数"→"编程"→"数值"→"加"函数。将"乘"函数的 x ∗ y 接线端与"加"函数的 x 接线端连接。将下端"创建数组"函数的"添加的数组"接线端与"加"函数的 y 接线端连接。完成操作后显示如图 6-182 所示的程序框图。

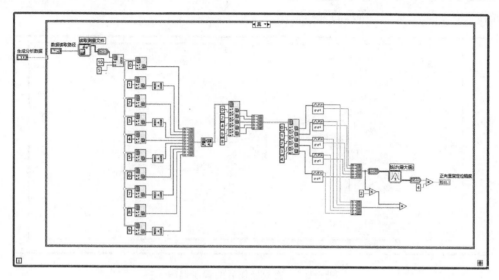

图 6-182　完成操作后的程序框图

在程序框图空白处右击,进入"编程"选项面板,选择"函数"→"编程"→"数值"→"减"函数。将下端的"创建数组"函数的"添加的数组"接线端与"减"函数的 x 接线端连接。将"乘"函数的 x ∗ y 接线端与"加"函数的 y 接线端连接。完成操作后显示如图 6-183 所示的程序框图。

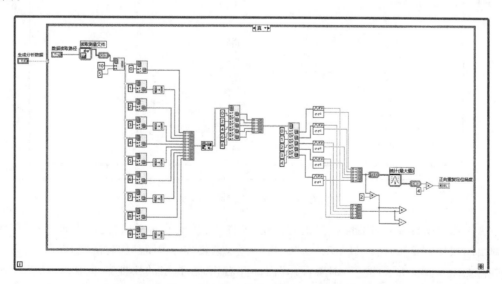

图 6-183　完成操作后的程序框图

　　将"创建数组"函数 ▦ 使用组合键 Ctrl＋C 复制；再用组合键 Ctrl＋V 粘贴。将输入端元素缩减到 3 个。分别将"加"函数的"x＋y"接线端、下端的"创建数组"函数的"添加的数组"接线端、"减"函数的"x－y"接线端依次与"添加数组"函数的 3 个"元素"接线端连接。完成操作后显示如图 6-184 所示的程序框图。

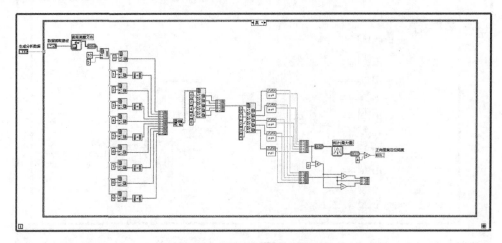

图 6-184　完成操作后的程序框图

　　右击"创建数组"函数的"添加的数组"接线端,在弹出的快捷菜单中选择"创建"→"显示控件"选项,将"标签"改名为"正向行程"。完成操作后显示如图 6-185 所示的程序框图。

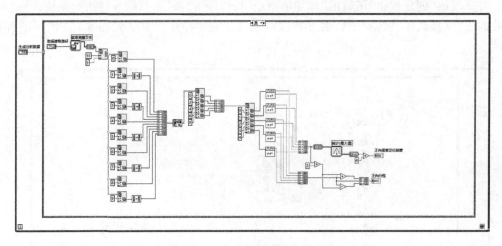

图 6-185　完成操作后的程序框图

　　由于需要图标显示,因此双击"正向行程"控件,切换至前面板。右击"正向行程"控件,在弹出的快捷菜单中选择"显示项"→"标签"命令,隐藏"正向行程"控件的"标签"。隐藏"标签"后,如图 6-186 所示,选中"正向行程"控件并右击,在弹出的快捷菜单中选择"替换"→"银色"→"图形"→"波形图(银色)"控件。完成操作后的"正向行程"控件显示如图 6-187 所示结果。

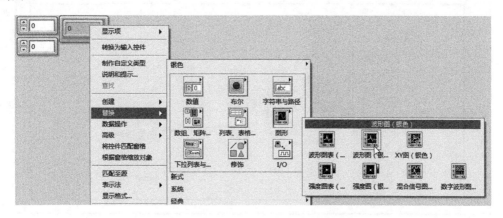

图 6-186 创建"波形图(银色)"控件

右击"正向行程"控件,在弹出的快捷菜单中选择"显示项"→"图例"复选框,隐藏"波形图"控件的"图例"。双击"正向行程"函数,修改其 Y 轴的名称为"误差值/μm";X 轴名称为"位置/mm"。并将"X 轴标尺间隔"的最大值修改为 500。完成操作后的"正向行程"控件显示为图 6-188 所示结果。

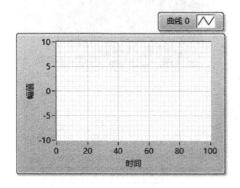

图 6-187 完成操作后的波形图

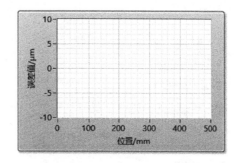

图 6-188 完成操作后的程序框图

在程序框图空白处右击,进入"编程"选项面板,选择"函数"→"编程"→"数组"→"创建数组"函数。将"创建数组"函数拉伸拓展到 2 个"元素"接线端。将"加"函数的"x＋y"接线端、"减"函数的"x－y"接线端依次与"创建数组"函数的"元素"接线端连接。完成操作后显示如图 6-189 所示的程序框图。

在程序框图空白处右击,进入"编程"选项面板,选择"函数"→Express→"信号分析"→"统计"函数。如图 6-190 所示,勾选"极值"组下的"最大值"和"最小值"复选框,其他内容使用默认参数,单击"确定"按钮完成设置。

完成设置后,右击"统计"函数,在弹出的快捷菜单中选择"显示为图标"命令,"统计"函数的显示结果为▣。将"统计"函数的"标签"修改为"统计(最大、最小值)"。将"统计(最

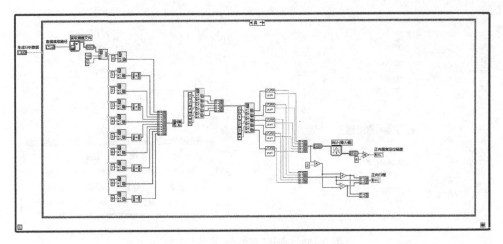

图 6-189　完成操作后的程序框图

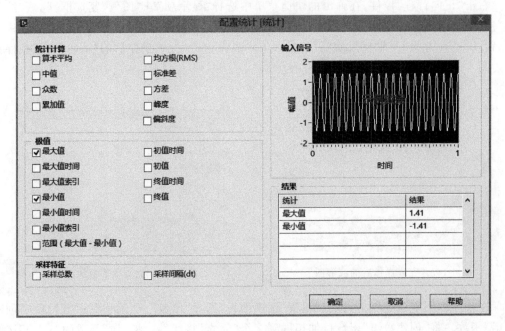

图 6-190　更改配置

大、最小值）"函数的"信号"接线端与"创建数组"函数的"添加的数组"接线端连接。完成操
作后显示如图 6-191 所示的程序框图。

　　复制先前创建的"从动态数据转换"函数,将复制的 2 个"从动态数据转换"函数分别与
"统计（最大、最小值）"函数的"最大值"和"最小值"端连接。完成操作后显示如图 6-192 所
示的程序框图。

　　在程序框图空白处右击,进入"编程"选项面板,选择"函数"→"编程"→"数值"→

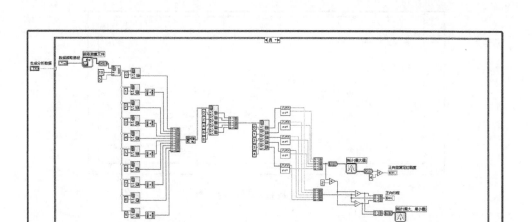

图 6-191 完成操作后的程序框图

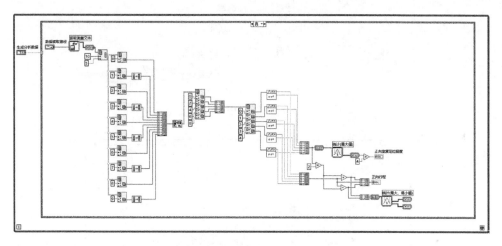

图 6-192 完成操作后的程序框图

"减"函数。将"统计(最大、最小值)"函数的"最大值"接线端所对应的"从动态数据转换"函数的"标量"接线端与"减"函数的 x 接线端连接。将"统计(最大、最小值)"函数的"最小值"接线端所对应的"从动态数据转换"函数的"标量"接线端与"减"函数的 y 接线端连接。右击"减"函数的"x－y"接线端,在弹出的快捷菜单中选择"创建"→"显示控件"命令。然后将其"标签"修改为"正行程定位精度 A/μm"。完成操作后显示如图 6-193 所示的程序框图。

选中图 6-194 所示部分,使用组合键 Ctrl＋C 复制;再用组合键 Ctrl＋V 粘贴。将最前端"索引数组"函数的"数组"接线端与"二维数组转置"函数的"转置的数组"接线端连接。完成操作后显示如图 6-195 所示的程序框图。

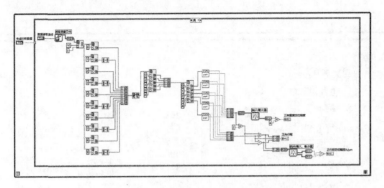

图 6-193　完成操作后的程序框图

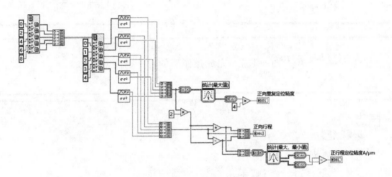

图 6-194　选中部分

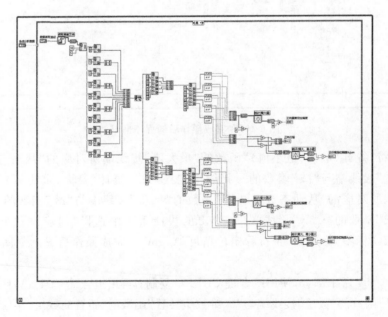

图 6-195　完成操作后的程序框图

　　对第一个重复的"索引数组"函数进行修改。将如图 6-196(a)所示的"索引数组"函数中的常量 0、2、4、6、8 替换为 1、3、5、7、9。完成操作后显示如图 6-196(b)所示的"索引数组"函数。

(a) 替换前的"索引数组"函数　　　(b) 替换后的"索引数组"函数

图 6-196　替换"索引数组"函数"索引"接线端处的常量

　　如图 6-197 所示,将其中的一些显示控件的名称进行修改。将"正向重复定位精度 2"控件改名为"反向重复定位精度",将"正向行程 2"控件改名为"反向行程",将"正行程定位精度 A/μm 2"控件改名为"反行程定位精度 A/μm"。完成操作后显示如图 6-198 所示的部分程序框图。总程序框图如图 6-199 所示。

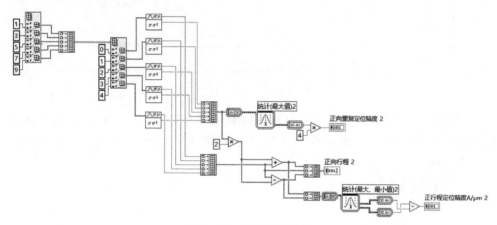

图 6-197　修改控件名称

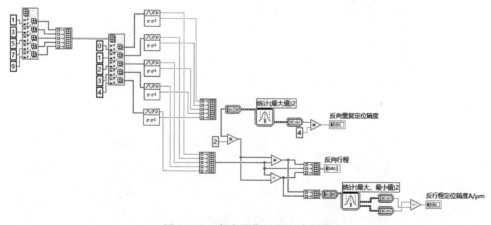

图 6-198　完成操作后的程序框图

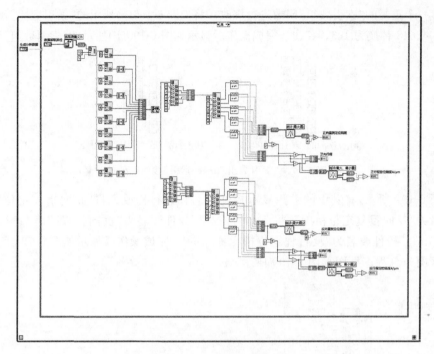

图 6-199　总程序框图

（5）为使程序简洁，选择将换算的过程创建为"简单 VI"。选中如图 6-200 所示的部分。在菜单栏中选择"编辑"→"创建子 VI"命令。完成操作后显示如图 6-201 所示的程序框图。

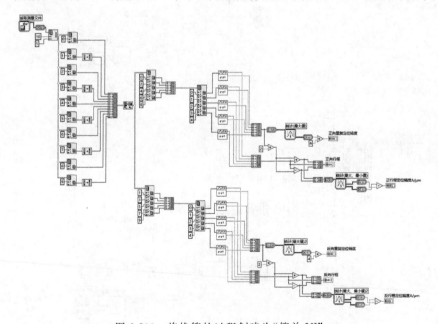

图 6-200　将换算的过程创建为"简单 VI"

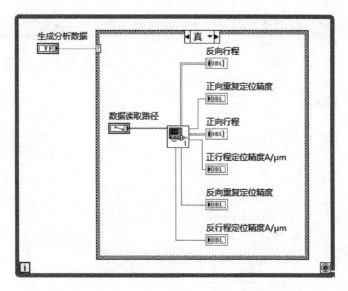

图 6-201　完成操作后的程序框图

双击子 VI 的 ![icon] 图标，进入"子 VI"。进入子 VI 后，双击前面板右上方的 ![icon] 图标，进入图标编辑器。使用组合键 Ctrl+U 清除原有的图标。在"按关键词过滤符号"文本框内输入"转换"。双击 ![icon] 图标，放置在右侧的图标显示区。接着双击右侧工具栏中的 ☐ 按钮。完成操作后显示如图 6-202 所示的结果。单击"确定"按钮完成图标编辑。

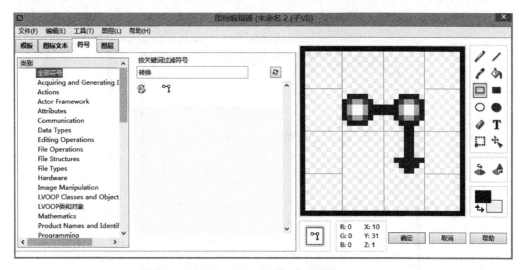

图 6-202　进入图标编辑器

使用组合键 Ctrl+S 保存"子 VI"，并命名为"数据分析"。完成操作后子 VI 的标题栏显示如图 6-203 所示的结果。

退出"子 VI"，在定位精度分析模块中。右击"While 循环"函数的"停止条件"，在弹出

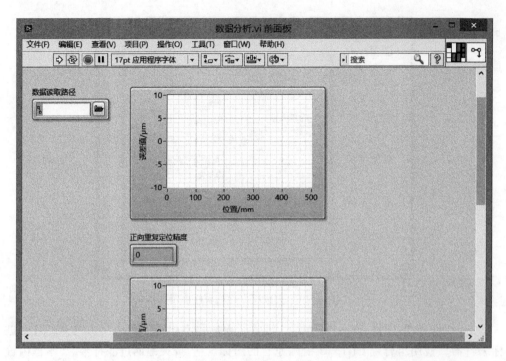

图 6-203   保存"子 VI"

的快捷菜单中选择"创建"→"输入控件"命令。完成操作后显示如图 6-204 所示的程序框图。双击"停止按钮"控件,切换至前面板,隐藏其"标签"。

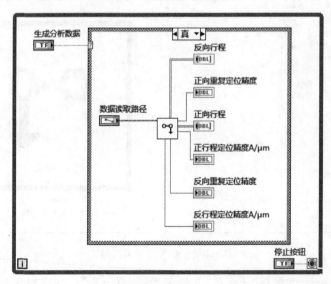

图 6-204   在"While 循环"函数的"停止条件"接线端创建"输入控件"

（6）为程序创建等待延时。在程序框图空白处右击，进入"编程"选项面板，选择"函数"→"编程"→"定时"→"等待"函数。右击"等待"函数的"等待时间（毫秒）"接线端，在弹出的快捷菜单中选择"创建"→"常量"命令，并将常量赋值为 100。完成操作后显示如图 6-205 所示的程序框图。

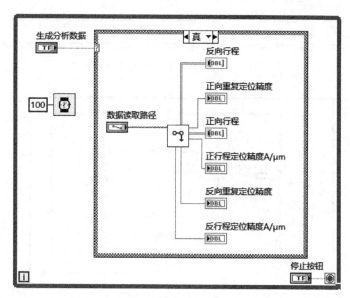

图 6-205　创建"等待"控件

（7）为分析模块和测量模块创建跳转程序。由于之前已经创建过了相应的程序，只需进行简单的修改就可以在分析模块中使用。如图 6-206 所示，选择之前创建的程序，使用 Ctrl+C 组合键对其进行复制，然后用 Ctrl+V 组合键将其粘贴到分析模块内。完成操作后显示如图 6-207 所示的程序框图。

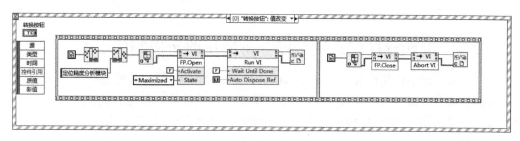

图 6-206　赋值之前的程序

将"文本常量" 定位精度分析模块 的内容改为"定位精度测量模块.vi"，完成操作后显示如图 6-208 所示的程序框图。

双击"转换按钮"控件，切换至前面板。将"转换按钮"控件的"布尔文本"改为"转换至采集模块"。结果"转换按钮"控件显示为 转换至采集模块 。

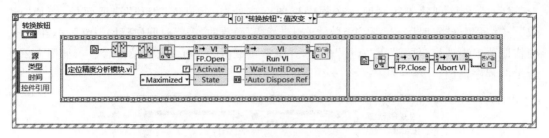

图 6-207　粘贴到分析模块内

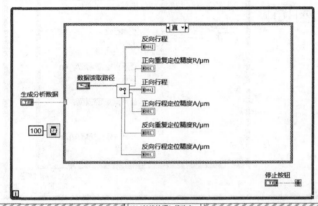

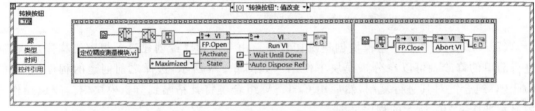

图 6-208　更改字符串内容

6.2.5　滚珠丝杠副定位精度分析模块前面板制作

在 6.2.4 节对定位精度分析的程序框图进行了编制,在编制的同时也涉及了对输入/输出控件的创建。如图 6-209 所示,在程序框图中创建的控件均为乱序。因此本节的主要内容为对已创建的输入/输出控件进行进一步的设置以及排版(设置方法与 6.2.3 节一致,这里就不再赘述)。

使用"圆盒(银色)"控件进行修饰,搭配好相应的图层顺序,修改控件的大小并添加相应的说明文字,最终完成图 6-210 所示的前面板界面。

上述操作仅为编程者提供排版的一种方式,读者可根据自己的想法创建不同的控件风格和排版模式。

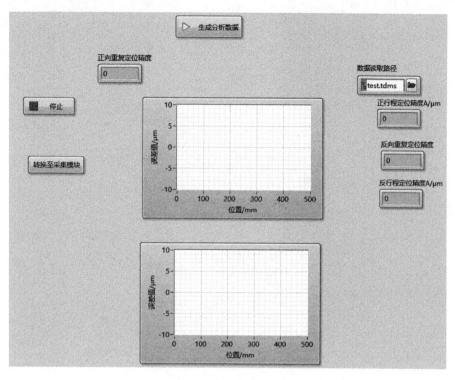

图 6-209 排版前的前面板

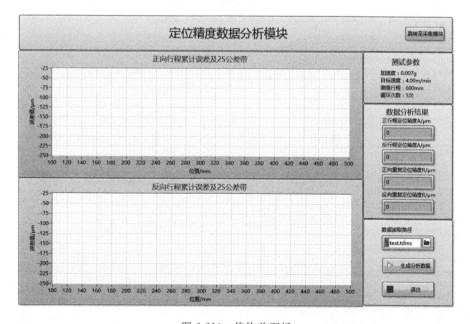

图 6-210 修饰前面板

第3篇 基于滚珠丝杠副综合性能实验平台

第 7 章　滚珠丝杠副综合性能测量与分析界面

　　滚珠丝杠副因具有低耗能、高精度与高承载等特点,已成为应用最广泛的定位和传动的滚动功能部件之一。滚珠丝杠副综合性能的测量与分析在其性能提升与产品升级中起着关键的作用,故滚珠丝杠副综合性能测量与分析系统程序的编制在工程应用中具有重要意义。

7.1　滚珠丝杠副综合性能测量与分析界面程序编制说明

1. 滚珠丝杠副综合性能测量与分析界面前面板

　　测量与分析界面前面板如图 7-1 所示,包含 1 个用来选择调用程序类型的"选项卡控件";4 个用来调用不同测试 VI 的布尔控件,即"温度""扭矩""振动"和"定位精度";用来退出 VI 运行的"退出系统"布尔控件;显示调用 VI 前面板的"子面板"控件。当用户单击"测量"选项卡下的布尔控件时,本 VI 将调用对应测量 VI,使其前面板在"子面板"控件中显示并运行。

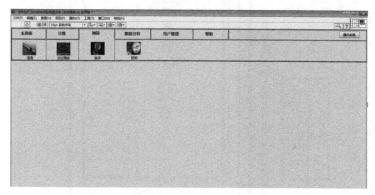

图 7-1　滚珠丝杠副综合性能测量与分析界面前面板

2. 滚珠丝杠副综合性能测量与分析界面程序框图

　　如图 7-2 所示,程序框图主要分为两部分:"写入元素"部分与"调用测试 VI"部分。前者通过一个"While 循环"和一个"事件结构"的嵌套使用来达成将用户单击的布尔控件所对应的元素写入队列;后者则通过一个"While 循环"和一个"Case 结构"的嵌套使用来调用对应的测试 VI。

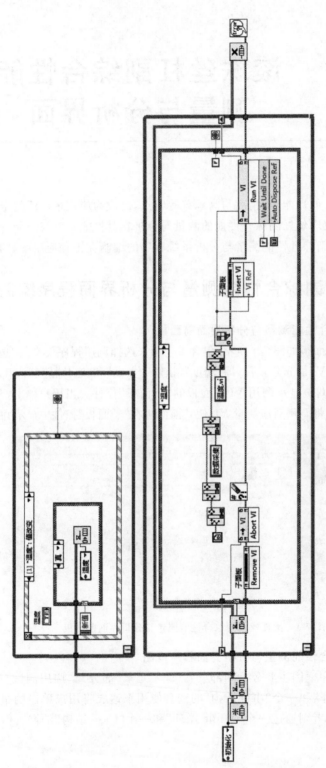

图 7-2 滚珠丝杠副综合性能测量与分析界面程序框图

7.2　滚珠丝杠副综合性能测量与分析界面程序编制步骤

7.2.1　滚珠丝杠副综合性能测量与分析界面前面板制作

1. VI 运行时的前面板设置

1) 窗口大小设置

因为计算机的显示屏不同,所以制作前面板时首先固定前面板的大小,使不同用户在运行时尺寸统一。

(1) 打开"VI 属性"对话框。选择"文件"→"VI 属性"命令,打开对话框。

(2) 修改前面板的"窗口大小"。单击"类别"下拉列表框的下三角按钮,选择"窗口大小"选项。设置当前面板最小尺寸为:宽度 1420,高度 734;勾选"使用不同分辨率显示器时保持窗口比例"复选框,如图 7-3 所示。

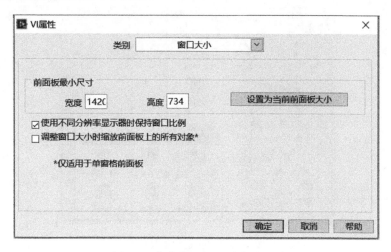

图 7-3　修改前面板的"窗口大小"

2) 窗口外观设置

单击"类别"下拉列表框的下三角按钮,选择"窗口外观"选项,然后单击"自定义"按钮,在弹出的"自定义窗口外观"对话框中进行如图 7-4 所示的设置。

2. "选项卡控件"的创建

(1) 创建"选项卡控件"。右击前面板空白处,进入"控件"选项面板,单击"容器"→"选项卡控件"图标,如图 7-5 所示,并将其拖至前面板合适位置。

(2) 修改选项卡控件的标签。双击上一步创建的选项卡控件的标签,并输入"命令选板"。

(3) 编辑"命令选板"控件的选项卡。右击"命令选板"控件的"选项卡"按钮,在弹出的快捷菜单中选择"在后面添加选项卡",并重复 4 次。将"命令选板"控件适当横向拉伸,使所有选项卡排列在同一行。依次双击各选项卡,并分别输入"主界面""计算""测量""数据分

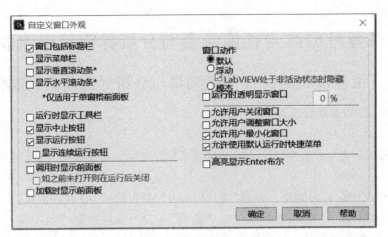

图 7-4　窗口外观设置

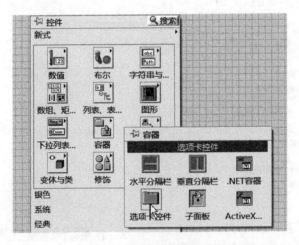

图 7-5　创建"选项卡控件"

析""用户管理""帮助"。完成后的"命令选板"控件如图 7-6 所示。

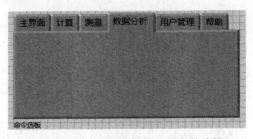

图 7-6　"命令选板"控件选项卡的编辑

（4）隐藏"命令选板"控件的标签。右击"命令选板"控件的任意选项卡按钮，在弹出的快捷菜单中单击"显示项"→"标签"复选框。

（5）设置"命令选板"控件的尺寸。右击"命令选板"控件的任意选项卡按钮,选择"属性"命令。将"外观"选项卡中"大小"组下的"高度"和"宽度"分别设置为 95 和 1420;单击"选项卡大小"组下的下三角按钮,选择"固定选项卡大小"选项,并将"高度"和"宽度"分别修改为 27 和 130,如图 7-7 所示。设置完成后的"命令选板"控件如图 7-8 所示。

图 7-7　设置"命令选板"控件的尺寸

图 7-8　设置完成后的"命令选板"控件

（6）将"选项卡"标签的文字修改为"居中"。选中"选项卡"控件,单击"文本设置"下拉列表,选中"对齐"→"居中"命令,如图 7-9 所示。

图 7-9　将"选项卡"标签的文字修改为"居中"

3. 布尔控件的创建与修饰

（1）选择"命令选板"控件的"测量"选项卡。

（2）创建"确定按钮"控件。右击"命令选板"控件的空白处,进入"控件"选项面板,选择"布尔"→"确定按钮"控件,并将其拖至"命令选板"控件的适当位置。

（3）隐藏"确定按钮"控件的标签。右击"确定按钮"控件,单击"显示项"→"布尔文本"

复选框,隐藏控件的布尔文本。

(4) 设置"确定按钮"控件的尺寸。右击"确定按钮"控件,在弹出的快捷菜单中选择"属性"命令。在弹出的对话框中将"外观"选项卡下"大小"组中的"高度"和"宽度"分别设置为49 和 54,如图 7-10 所示。

图 7-10 设置"确定按钮"控件的尺寸

(5) 将"确定按钮"控件的标签拖动至控件的下方中间。设置完成的"确定按钮"控件如图 7-11 所示。

(6) 设置"确定按钮"控件的机械动作。右击"确定按钮"控件,在弹出的快捷菜单中选择"机械动作"→"保持转换直到释放"图标,如图 7-12 所示。

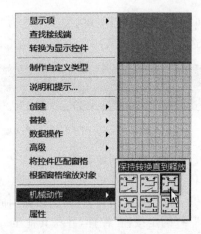

图 7-11 设置完成的"确定按钮"控件   图7-12 设置"确定按钮"控件的机械动作

（7）复制"确定按钮"控件。按住 Ctrl 键拖动"确定按钮"控件 3 次，得到 3 个和原"确定按钮"控件相同设置的控件。

（8）修改标签。依次双击"确定按钮"控件的标签，将其分别改为"扭矩""振动""温度"和"定位精度"，如图 7-13 所示。

图 7-13　修改布尔控件的标签

（9）将 4 个布尔控件调整至同一水平。选中 4 个布尔控件，选择工具栏中的"对齐对象"→"垂直中心"图标，如图 7-14 所示。

（10）调整 4 个"确定按钮"控件的水平排列。选中"定位精度"控件，使用方向键将其水平移动至适当的位置。对"扭矩"控件进行同样的操作。然后选中全部 4 个布尔控件，选择工具栏中的"分布对象"→"水平间隔"工具，结果如图 7-15 所示。

图 7-14　调整"确定按钮"控件至垂直中心

图 7-15　调整控件的水平排列

4．"子面板"控件的创建

（1）创建"选项卡"控件。右击前面板空白处，进入"控件"选项面板，单击"容器"→"子面板"控件，并将其拖至前面板合适位置。

（2）隐藏"子面板"控件的标签。右击"子面板"控件，单击"显示项"→"标签"复选框。

（3）调整"子面板"控件的尺寸。右击"子面板"控件，选择"属性"命令。将"外观"选项卡中"大小"组下的"高度"和"宽度"分别设置为 540 和 1420。

（4）移动"子面板"控件。选中修改完成的"子面板"控件，将其拖动至紧贴"选项卡控件"的位置，如图 7-16 所示（因子面板控件不明显，故图中选中了控件）。

5．"枚举"控件的创建

1）创建"枚举"控件

右击前面板空白处，进入"控件"选项面板，单击"下拉列表与枚举"→"枚举"控件，并将其拖至前面板空白处。

2）自定义"枚举"控件

（1）右击"枚举"控件，在弹出的快捷菜单中选择"高级"→"自定义"命令，进入编辑

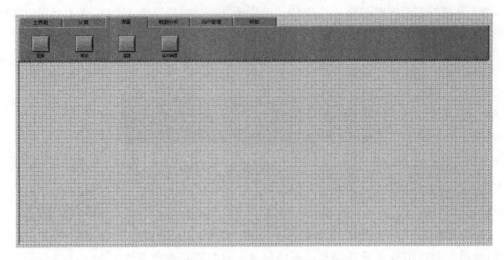

图 7-16　移动完成的"子面板"控件

窗口。

（2）修改标签。双击枚举控件的标签，将其修改为"测量枚举"。

（3）将此控件定义为"自定义类型"，如图 7-17 所示。

（4）编辑"测量枚举"控件的各项。在控件编辑窗口中右击控件，在弹出的快捷菜单中选择"属性"命令。选择"编辑项"选项卡，单击"插入"按钮，输入"初始化"，按下 Enter（回车键）对第一个插入的项进行确定并插入第二个项。接着依次插入"定位精度""扭矩""温度""振动"和"退出"5 个项，通过单击"上移"或"下移"按钮对上述状态顺序进行调整。

（5）保存自定义类型。使用组合键 Ctrl＋S 对自定义类型进行保存，命名为"状态控制_枚举自定义控件"。然后关闭编辑窗口，弹出如图 7-18 所示的对话框，单击"是"按钮。

图 7-17　将枚举控件定义为"自定义类型"

图 7-18　替换控件

（6）将"枚举"控件转化为常量。切换至程序框图，右击"测量枚举"控件，在弹出的快捷菜单中选择"转换为常量"命令，如图 7-19 所示。枚举常量里面包含了所有的状态信息，每一种状态对应常量中的一项。

6. "退出系统"布尔控件的创建

（1）创建"退出系统"控件。右击前面板空白处，进入"控件"选项面板，单击"下拉列表与枚举"→"确定按钮"控件，并将其拖至前面板空白处。

（2）更改并隐藏"退出系统"控件的标签。双击"确定按钮"控件的标签，将其修改为"退出系统"。然后右击该控件,在弹出的快捷菜单中单击"显示项"→"标签"复选框。

（3）更改"退出系统"控件的布尔文本。双击"退出系统"控件上的"确定"布尔文本,将其修改为"退出系统"。

（4）设置"退出系统"控件的尺寸。右击"退出系统"控件,在弹出的快捷菜单中选择"属性"命令。在弹出的对话框中将"外观"选项卡下"大小"组中的"高度"和"宽度"分别设置为 25 和 79,结果如图 7-20 所示。

7．前面板的修饰

（1）创建"细线"控件。右击"命令选板"控件的空白处,进入"控件"选项面板,选择"修饰"→"细线"控件。然后单击"扭矩"和"振动"控件中间的上部,竖直向下拖动鼠标,并在合适的位置松开鼠标左键,创建如图 7-21 所示的细线。

（2）复制"细线"控件。按住 Ctrl 键拖动"细线"控件 3 次,得到 3 个和原"细线"控件相同设置的控件,如图 7-22 所示。

图 7-19　将"枚举"控件转化为常量

图 7-20　修改"退出系统"控件的尺寸

图 7-21　创建细线

图 7-22　调整"细线"控件至垂直中心

（3）用与创建"细线"控件类似的方法创建"控件"→"修饰"→"下凹框"控件,将其放置在"选项卡"控件的四周,如图 7-23 所示。

（4）用类似的方法创建数个"控件"→"修饰"→"粗线"控件,将其放置在"选项卡"控件中,如图 7-24 所示。

（5）修改各"修饰"控件的颜色。选择"查看"→"工具选板"命令,弹出如图 7-25 所示的

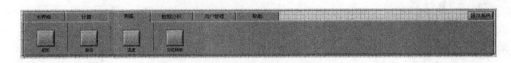

图 7-23   创建"下凹框"控件

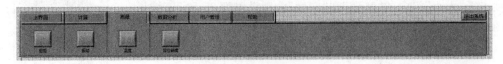

图 7-24   创建"粗线"控件

"工具选板",选择其中最下面的"设置颜色"工具。

图 7-25   弹出的"工具
选板"

（6）单击选项面板中最下方的"设置颜色"工具,右击任意一个"修饰"控件,在弹出的菜单中选择蓝色。修改完成或要对控件进行操作时选择选项面板中最上面的"自动选择工具"命令切换至默认工具。将所有的"修饰"控件均改为同样的颜色,如图 7-26 所示。

（7）用同样的方法在"选项卡"控件的其他选项卡中创建"粗线"控件,结果如图 7-27 所示。

图 7-26   将"修饰"控件设置为蓝色

（8）使用"设置颜色"工具将背景设置为淡蓝色。切换至"设置颜色"工具,右击前面板空白处,在弹出的界面中选择淡蓝色,如图 7-28 所示。

（9）将"选项卡"控件设置为透明。使用"设置颜色"工具,右击选项卡,单击弹出菜单右上角的 T 图标,如图 7-29 所示。

（10）适当移动各控件,显示如图 7-30 所示的结果。

（11）为"选项卡"控件中的各布尔控件添加图片。此处以"扭矩"控件为例。

① 右击"扭矩"控件,在弹出的快捷菜单中选择"高级"→"自定义"命令,进入控件编辑窗口,单击工具栏中的"切换至自定义模式"命令,如图 7-31 所示。然后右击布尔控件（注意不要右击控件中间的布尔文本）,在弹出的快捷菜单中选择"以相同大小从文件导入"命令浏览并选择相应图片,完成后如图 7-32 所示。

② 关闭控件编辑窗口,在弹出的"将原控件'振动'替换为'控件 6'"对话框中单击"是"按钮；在"关闭前保存改动?"对话框中单击"保存"按钮,如图 7-33 所示。将文件命名为"扭矩.ctl"。

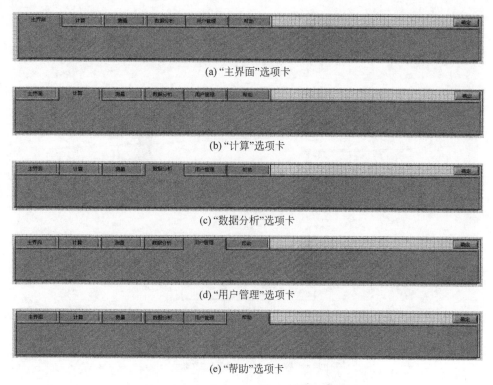

(a) "主界面"选项卡

(b) "计算"选项卡

(c) "数据分析"选项卡

(d) "用户管理"选项卡

(e) "帮助"选项卡

图 7-27　在其他选项卡中创建"粗线"控件

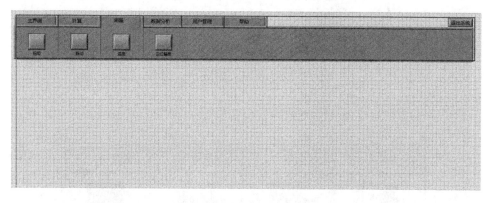

图 7-28　将前面板的背景设置为淡蓝色

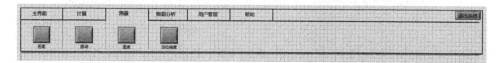

图 7-29　将"选项卡"控件设置为透明

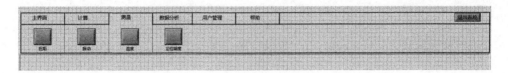

图 7-30 适当调整各控件位置

图 7-31 切换至自定义模式   图 7-32 导入图片后的控件

(a) 替换控件

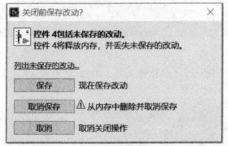

(b) 保存改动

图 7-33 替换并保存自定义控件

③ 用同样的方法修改"振动""温度""定位精度"控件的图片,完成后如图 7-34 所示。

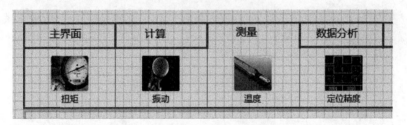

图 7-34 修改图片完成的各布尔控件

7.2.2 滚珠丝杠副综合性能测量与分析界面程序框图编制

前面板编辑完成后需切换至程序框图界面对程序框图进行编辑。

1. 对程序框图界面控件的整理

前面板编辑完成后程序框图界面的控件较为零散,如图 7-35(a)所示。为了使编辑程序时能较为快速地查找控件,建议将所有控件移动至程序框图的右方,并排列整齐,如图 7-35(b)所示。

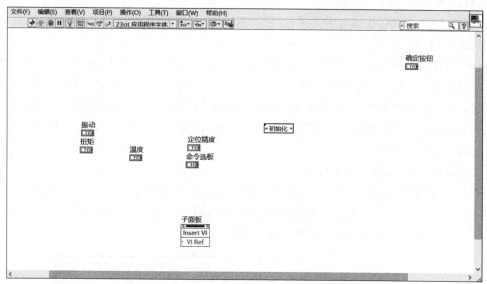

(a) 整理控件前的程序框图界面

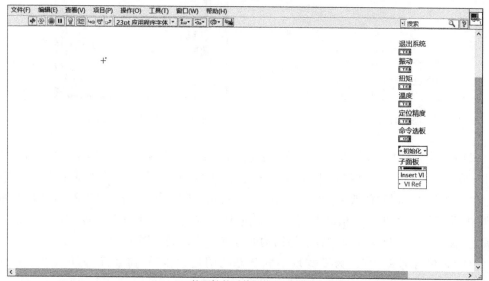

(b) 整理控件后的程序框图界面

图 7-35　对程序框图界面控件的整理

2."获取队列引用"函数与"元素入队列"函数的创建

(1)创建"获取队列引用"函数。右击程序框图空白处,进入"编程"选项面板,单击"同步"→"队列操作"→"获取队列引用"函数,将其拖至程序框图空白处。

(2)用同样的方法创建"编程"→"同步"→"队列操作"→"元素入队列"函数,将其放置在"获取队列引用"函数的右侧。

(3)将"状态控制_枚举自定义控件"常量拖动至"获取队列引用"函数的左上方,且将其数值设置为"初始化"。

(4)将这两个函数和一个"枚举"常量进行接线。将"状态控制_枚举自定义控件"常量右侧的接线端与"获取队列引用"函数的"元素数据类型"接线端和"元素入队列"函数的"元素"接线端相连;将"获取队列引用"函数的"队列输出"接线端与"元素入队列"函数的"队列"接线端相连;将"获取队列引用"函数的"错误输出"接线端与"元素入队列"函数的"错误输入"接线端相连,如图 7-36 所示。

3."写入元素"部分的程序编制

(1)创建"事件结构"与"While 循环"结构。右击程序框图空白处,进入"编程"选项面板,单击"结构"→"事件结构",将其拖至程序框图空白处。然后用同样的方法创建"While循环"结构,并将其放在"事件结构"的外面,如图 7-37 所示。

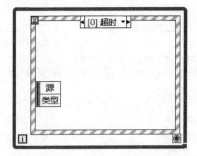

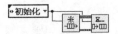

图 7-36　将控件与常量进行接线　　　　图 7-37　"事件结构"与"While 循环"结构的创建

(2)为"事件结构"添加并编辑分支。右击"事件结构",在弹出的快捷菜单中选择"添加事件分支选项"命令,弹出"编辑事件"对话框。在其"事件源"组中选择"控件"→"扭矩"选项,在"事件"组中选择"值改变"选项,如图 7-38 所示,然后单击"确定"按钮。此时的"事件结构"出现了新的"'扭矩':值改变"分支。用同样的方法添加"振动""温度""定位精度""退出系统"的"值改变"分支。完成后事件结构的分支下拉列表如图 7-39 所示。

(3)添加"条件结构"。为了实现不同状态间的连续传递,需在除"超时"事件分支外的所有事件分支中均插入"条件结构"。切换至"事件结构"的"'扭矩':值改变"分支,右击程序框图空白处,进入"编程"选项面板,单击"结构"→"条件结构"图标,将其放置在事件结构内,如图 7-40 所示。用此方法在除"超时"分支外的所有分支中均放置一个"条件结构"。

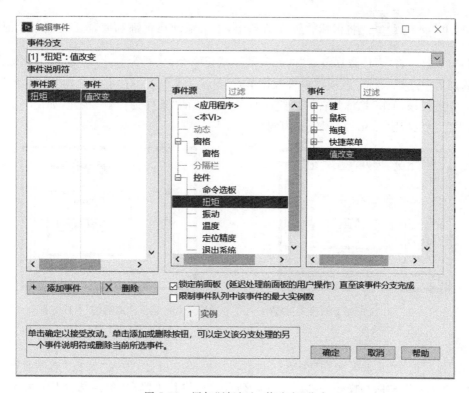

图 7-38 添加"'扭矩':值改变"分支

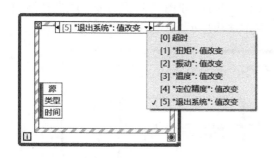

图 7-39 添加所有分支后的事件结构

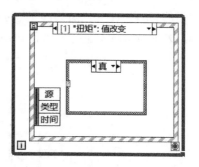

图 7-40 在"'扭矩':值改变"事件
分支中创建"条件结构"

（4）放置"枚举"常量。按住 Ctrl 键将创建好的"状态控制_枚举自定义控件"常量拖动至"退出系统"事件分支的"条件结构"的"真"分支中。然后单击"条件结构"中的"状态控制_枚举自定义控件"常量，选择"退出"选项，如图 7-41 所示。用相同的方法在其他 4 个"事件结构"分支中的"条件结构"的"真"分支里分别放置相应的"枚举"常量。

（5）编辑"事件结构"的"事件数据节点"。"事件结构"的"事件数据节点"位于其内部的左侧,这里显示为 $\boxed{\begin{matrix}源\\类型\\时间\end{matrix}}$。将鼠标放置在节点上,上下拖动在顶部和底部出现调节柄时即可调整其节点数。将"事件数据节点"的元素数删减至一个,显示为 $\boxed{源}$。然后单击此元素,在弹出的列表中选择"新值"选项,"事件数据节点"显示为 $\boxed{新值}$。对"事件结构"除"超时"外的所有分支进行该操作,并将其右侧接线端与条件结构的"条件选择器"相连,如图7-42所示(此处以"'定位精度':值改变"分支为例)。

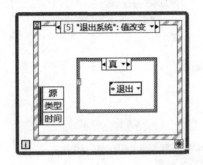

图7-41 在"'退出系统':值改变"事件分支中放置"枚举"常量

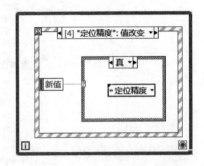

图7-42 编辑完成后的"事件数据节点"

(6) 再次创建"元素入队列"函数。右击程序框图空白处,进入"编程"选项面板,选择"编程"→"同步"→"队列操作"→"元素入队列"函数,将其放置在"条件结构"中"枚举"常量的右侧。然后将其"元素"接线端与"枚举"常量的右侧接线端相连;将其"队列"接线端与之前创建的"元素入队列"函数的"队列输出"接线端相连,如图7-43所示。对"事件结构"除"超时"外的所有分支进行该操作,若原本的三个结构过小,则可适当进行拉伸。

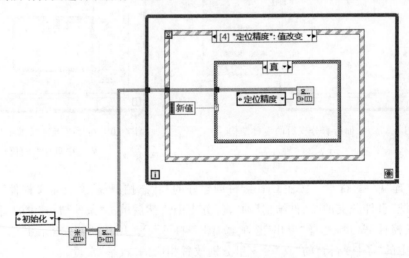

图7-43 再次创建"元素入队列"函数

（7）编辑"While 循环"的"循环条件"。

① 切换至"事件结构"的"'退出系统'：值改变"分支，右击程序框图空白处，进入"编程"选项面板，单击"布尔"→"真常量"，将其拖至"条件结构"的"真"分支内，并与"While 循环"的"循环条件"相连接，如图 7-44 所示。当"退出系统"布尔控件的值改变时，"While 循环"停止。

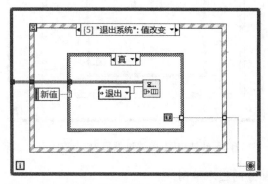

图 7-44　为"While 循环"的"循环条件"创建"真常量"

② 切换至"条件结构"的"假"分支，右击"隧道" 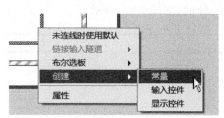 的左则接线端，在弹出的快捷菜单中选择"创建"→"常量"命令，如图 7-45(a)所示。创建完成的"事件结构"如图 7-45(b)所示。

(a) 创建"假"常量

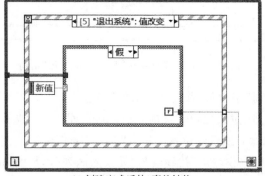

(b) 创建完成后的"事件结构"

图 7-45　在"条件结构"的"假"分支创建"假常量"

③ 右击"事件结构"上的隧道，在弹出的快捷菜单中勾选"未连线时使用默认"复选框，完成后显示如图 7-46 所示。这样在"事件结构"的其他分支中"假"值将输出至"While 循

环"的"循环条件"。

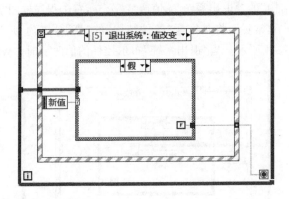

图 7-46　将"事件结构"上的隧道设置为"未连线时使用默认"

4．"调用测试 VI"部分的程序编制

1）创建"条件结构"与"While 循环"结构

右击程序框图空白处，进入"编程"选项面板，单击"结构"→"条件结构"函数，将其拖至"获取队列引用"函数与"元素入队列"函数的右侧。然后用同样的方法创建"While 循环"结构，并将其放在"条件结构"的外面，如图 7-47 所示。

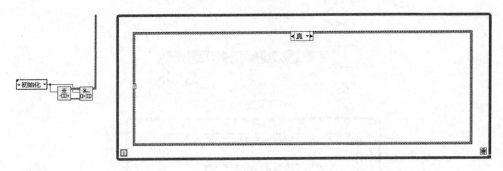

图 7-47　创建"条件结构"与"While 循环"结构

2）创建"元素出队列"函数与"释放队列引用"函数

右击程序框图空白处，进入"编程"选项面板，单击"同步"→"队列操作"→"元素出队列"函数，将其拖至如图 7-48(a)所示的位置。将其"队列"接线端与"元素入队列"函数的"队列输出"接线端相连；将其"错误输出"接线端与"元素入队列"函数的"错误输入"接线端相连。用同样的方法创建"编程"→"同步"→"队列操作"→"释放队列引用"函数，并将其"队列"接线端与"元素出队列"函数的"队列输出"接线端相连，如图 7-48(b)所示。

3）编辑"条件结构"的分支

（1）将"元素出队列"函数的"元素"接线端与"条件结构"的"复制选择器"相连接，如图 7-49 所示。

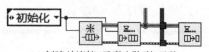

(a) 创建并连接"元素出队列"函数

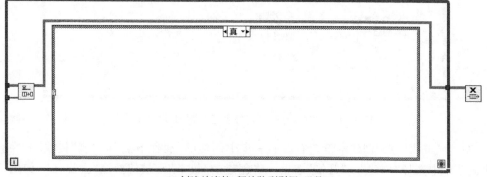

(b) 创建并连接"释放队列引用"函数

图 7-48　创建"元素出队列"函数与"释放队列引用"函数

（2）右击"条件结构"的"选择器标签"，在弹出的快捷菜单中选择"为每个值添加分支"命令，如图 7-50 所示。

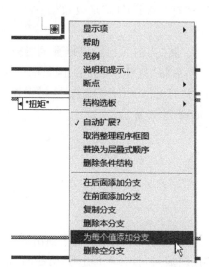

图 7-49　连接"元素出队列"函数与"条件
结构"的"复制选择器"

图 7-50　为"条件结构"添加分支

4）编辑"条件结构"的"初始化"分支

（1）切换至"条件结构"的"初始化"分支，并将"命令选板"拖入"条件结构"内。

（2）为"命令选板"控件创建"值"的"属性节点"。右击"命令选板"控件，在弹出的快捷菜单中选择"创建"→"属性节点"→"值"选项。将创建的"属性节点"放置在条件结构内。右击它,在弹出的快捷菜单中选择"转换为写入"命令,结果如图 7-51 所示。

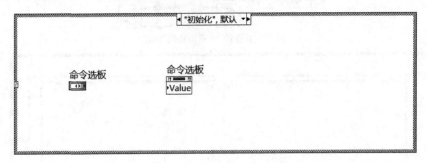

图 7-51　为"命令选板"控件创建"值"的"属性节点"

(3) 为"属性节点"创建常量。右击上一步中创建的"属性节点"的"值"接线端,在弹出的快捷菜单中选择"创建"→"常量"选项。将创建的"枚举"常量切换至"主界面",如图 7-52所示。

(4) 创建"当前 VI 路径""打开 VI 引用""关闭引用"函数。

① 右击程序框图空白处,进入"编程"选项面板,单击"文件 I/O"→"文件常量"→"当前VI 路径"函数,将其放置在"条件结构"空白处。用同样的方法创建"编程"→"应用程序控制"→"打开 VI 引用"函数和"编程"→"应用程序控制"→"关闭引用"函数,将其按顺序并排放置。

② 将"当前 VI 路径"函数的"路径"接线端与"打开 VI 引用"函数的"VI 路径"接线端相连。然后将"打开 VI 引用"函数的"VI 引用"接线端与"关闭引用"函数的"引用"接线端相连;将"打开 VI 引用"函数的"错误输出"接线端与"关闭引用"函数的"错误输入"接线端相连,如图 7-53 所示。

图 7-52　为"属性节点"创建常量

图 7-53　创建"当前 VI 路径""打开 VI 引用" "关闭引用"函数

(5) 连接各函数的"错误输出"与"错误输入"接线端。将"元素出队列"函数的"错误输出"接线端与"打开 VI 引用"函数的"错误输入"接线端相连;将"关闭引用"函数的"错误输出"接线端与"释放队列引用"函数的"错误输入"接线端相连,如图 7-54 所示。

(6) 创建"简易错误处理器"函数。右击程序框图空白处,进入"编程"选项面板,单击"对话框与用户界面"→"元素出队列"函数,将其拖至"释放队列引用"函数的右方,并将其"错误输入(无错误)"接线端连接至"释放队列引用"函数的"错误输出"接线端,如图 7-55所示。

(7) 创建"移位寄存器"。右击"While 循环"的右侧边框,在弹出的快捷菜单中选择"添加移位寄存器"选项,然后将"添加移位寄存器"的左侧接线端连接至"打开 VI 引用"函数的

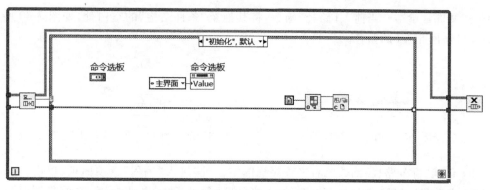

图 7-54　连接各函数的"错误输出"与"错误输入"接线端

"VI 引用"接线端与"关闭引用"函数的"引用"接线端的连线上，如图 7-56 所示。

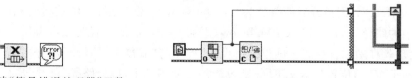

图 7-55　创建"简易错误处理器"函数　　　　图 7-56　创建"移位寄存器"

5）编辑"条件结构"的"温度"分支

（1）单击"子面板"控件 ，在弹出的快捷菜单中选择"删除 VI"选项，使其显示为 。

（2）放置"子面板"控件。切换至"条件结构"的"温度"分支，按住 Ctrl 键将"子面板"控件拖入其中，并将其"错误输入"接线端与"条件结构"左侧的"隧道"相连，如图 7-57 所示。

（3）创建"调用节点"函数。右击程序框图空白处，进入"编程"选项面板，单击"应用程序控制"→"调用节点"函数，将其拖至"子面板"控件的右方，将其"错误输入"接线端与"子面板"控件的"错误输出"接线端相连；将"引用"节点与左侧"移位寄存器"的右端相连。然后单击它，在弹出的菜单中选择"终止 VI"，结果如图 7-58 所示。

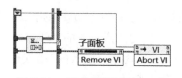

图 7-57　放置"子面板"控件　　　　　图 7-58　创建"调用节点"函数

（4）创建"清除错误"函数。右击程序框图空白处，进入"编程"选项面板，单击"对话框与用户界面"→"清除错误"函数，将其拖至"调用节点"函数的右方，将其"错误输入"接线端与"调用节点"函数的"错误输出"接线端相连，如图 7-59 所示。

（5）创建"当前 VI 路径"函数。右击程序框图空白处，进入"编程"选项面板，单击"文件

I/O"→"文件常量"→"当前VI路径"函数,将其拖至"条件结构"的空白处,如图7-60所示。该函数可输出此VI的路径。

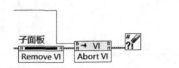

图7-59　创建"清除错误"函数　　　　图7-60　创建"当前VI路径"函数

(6) 创建"拆分路径"函数。右击程序框图空白处,进入"编程"选项面板,单击"文件I/O"→"拆分路径"函数,将其拖至"当前VI路径"函数的后面,并将二者的"路径"接线端相连,如图7-61所示。

"拆分路径"函数此处的功能是得到路径最后部分之前的拆分路径。如路径为C:\labview\foo.vi,则拆分后的路径为C:\labview。"创建路径"函数将会在路径的最后添加文本中的路径。如路径为C:\labview,添加foo.vi后的路径为C:\labview\foo.vi。此处将"滚珠丝杠副综合性能测试与分析界面"程序与"温度测试模块"程序放置于同一位置,若放置两个VI的位置与本文不同,则可能需多使用几个"拆分路径"函数。

(7) 创建"创建路径"函数。右击程序框图空白处,进入"编程"选项面板,单击"文件I/O"→"创建路径"函数,将其拖至"拆分路径"函数的后面,并将其"基路径"接线端与"拆分路径"函数的"拆分的路径"接线端相连,如图7-62所示。

图7-61　创建"拆分路径"函数　　　　图7-62　创建"创建路径"函数

(8) 为"创建路径"函数创建常量。右击"创建路径"函数左下方的"名称或相对路径"接线端,在弹出的快捷菜单中选择"创建"→"常量"选项。在创建的"文本常量"中输入"温度测量模块.VI(需要打开的VI名称)",如图7-63所示。

(9) 创建"打开VI引用"函数。

① 右击程序框图空白处,进入"编程"选项面板,选择"应用程序控制"→"打开VI引用"函数,将其放置在"创建路径"函数的右侧。

② 将"打开VI引用"函数的"VI路径"接线端与"创建路径"函数的"添加的路径"接线端连接;将"打开VI引用"函数的"错误输入"接线端与"清除错误"函数的"错误输出"接线端相连,如图7-64所示。

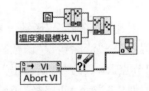

图7-63　为"创建路径"函数创建常量　　　　图7-64　创建"打开VI引用"函数

（10）复制"子面板"控件。

① 按住 Ctrl 键,将"子面板"控件拖动至"打开 VI 引用"函数的右侧。

② 单击复制后的"子面板"控件,在弹出的快捷菜单中选择"插入 VI"命令。

③ 将复制后"子面板"控件的"错误输入"接线端与"打开 VI 引用"函数的"错误输出"接线端相连;将两个"VI 引用"接线端相连,如图 7-65 所示。

（11）创建"调用节点"函数。

① 右击程序框图空白处,进入"编程"选项面板,选择"应用程序控制"→"调用节点"函数,将其放置在"子面板"控件的右侧。

② 将"调用节点"函数的"引用"接线端连接至"打开 VI 引用"函数的"VI 引用"接线端与"子面板"控件的"引用"接线端的连线上。

③ 单击"调用节点"函数,在弹出的快捷菜单中选择"运行 VI"选项,如图 7-66 所示。

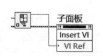
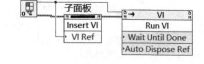

图 7-65　复制"子面板"控件　　　　图 7-66　创建"调用节点"函数

（12）为"属性节点"函数创建常量。右击"属性节点"函数的"结束前等待"接线端,在弹出的快捷菜单中选择"创建"→"常量"选项。用同样的方法在此函数的"自动销毁引用"接线端创建"假常量"。然后单击此假常量,将其转换为"真常量",如图 7-67 所示。

（13）连接"属性节点"函数与隧道。将其"引用输出"接线端和"错误输出"接线端分别与"条件结构"右侧"隧道"的对应接线端相连,如图 7-68 所示。

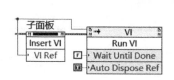
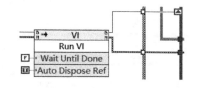

图 7-67　为"属性节点"函数创建常量　　　　图 7-68　连接"属性节点"函数与隧道

编辑完成的"条件结构"的"温度"分支如图 7-69 所示。

6）编辑"条件结构"的"振动""扭矩""定位精度"分支

（1）框选"条件结构"函数"温度"分支内的所有内容,按住 Ctrl 键将其拖至"While 循环"外的空白处,如图 7-70 所示。

（2）将所有显示为错误的连线删去,删除后结构如图 7-71 所示。

（3）切换至"条件结构"的"振动"分支,框选上一步中编辑完成的内容,按住 Ctrl 键将其拖入"条件结构"中,并完成连线,如图 7-72 所示。

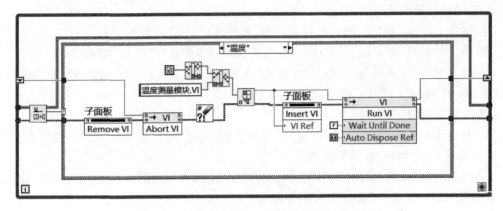

图 7-69　编辑完成的"条件结构"的"温度"分支

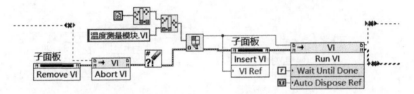

图 7-70　复制"条件结构"函数的"温度"分支内的所有内容

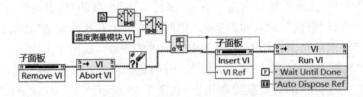

图 7-71　删除所有错误连线

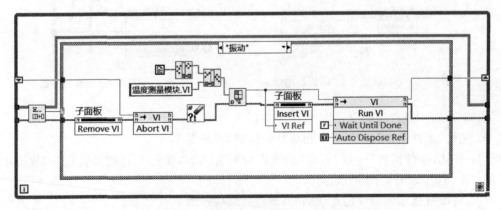

图 7-72　复制后的"条件结构"的"振动"分支

（4）双击"温度测量模块.VI"文本常量，将其修改为"振动测量模块.VI"，如图 7-73 所示。

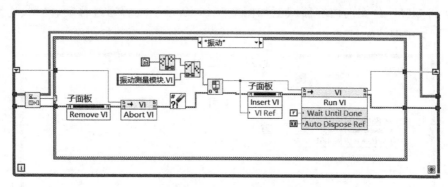

图 7-73　编辑完成的"条件结构"的"振动"分支

（5）编辑"条件结构"的"扭矩"与"定位精度"分支。使用同样的方法将这些内容复制到"扭矩"与"定位精度"分支中，并完成连线；将"文本常量"分别修改为"定位精度测量模块.VI"和"输入扭矩测量模块.VI"，如图 7-74 所示。然后将位于条件结构外的这些内容删去。

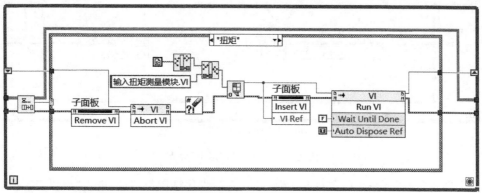

(a) 编辑完成的"条件结构"的"扭矩"分支

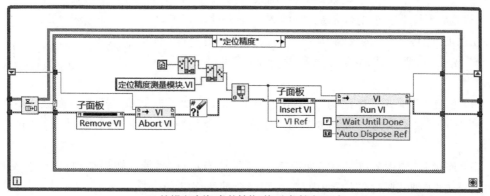

(b) 编辑完成的"条件结构"的"定位精度"分支

图 7-74　编辑"条件结构"的"扭矩"与"定位精度"分支

7）编辑"条件结构"的"退出"分支

（1）将"退出"分支的内容删减至如图7-75（a）所示。然后通过移动、复制、连线得到图7-75（b）所示的结果。

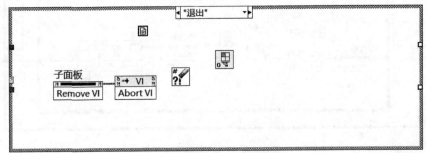

(a) 删减后的"退出"分支

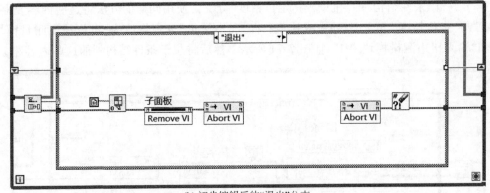

(b) 初步编辑后的"退出"分支

图 7-75　初步编辑"退出"分支

（2）创建"等待下一个整数倍毫秒"函数。右击程序框图空白处，进入"编程"选项面板，选择"定时"→"等待下一个整数倍毫秒"函数，将其放置在"条件结构"空白处。

（3）为"等待下一个整数倍毫秒"函数创建常量。右击该控件左侧的"毫秒倍数"接线端，在弹出的快捷菜单中选择"创建"→"常量"选项。然后双击该常量，输入200，如图7-76所示。

图 7-76　创建"等待下一个整数倍毫秒"函数

（4）创建"平铺式顺序结构"。右击程序框图空白处，进入"编程"选项面板，选择"结构"→"平铺式顺序结构"，将其放置在"等待下一个整数倍毫秒"函数的外面，如图7-77所示。

（5）连接两"调用节点"函数，如图7-78所示。当穿过"平铺式顺序结构"进行连线时需在中途单击"平铺式顺序结构"的内部，否则线会默认绕过它。

（6）将"平铺式顺序结构"右侧的"调用节点"函数的"引用输出"接线端与"条件结构"的右侧隧道相连，如图7-79所示。此时"条件结构"右侧的两隧道均显示为实心。

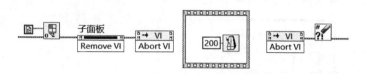

图 7-77 创建"平铺式顺序结构"

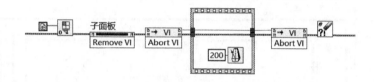

图 7-78 连接两"调用节点"函数

（7）编辑第一个"调用节点"函数。单击与"子面板"控件相连的"调用节点"函数，在弹出的快捷菜单中选择"前面板"→"关闭"选项，如图 7-80 所示。

图 7-79 连接"调用节点"函数与"条件结构"的右侧隧道   图 7-80 编辑第一个"调用节点"函数

（8）编辑"While 循环"的"循环条件"。

① 为"While 循环"的"循环条件"创建"真常量"。右击程序框图空白处，进入"编程"选项面板，单击"布尔"→"真常量"图标，将其放置在"条件结构"空白处，与"循环条件"相连，如图 7-81 所示。

② 右击该"隧道"，在弹出的快捷菜单中选择"未连线时使用默认"命令，显示如图 7-82 所示。

图 7-81 为"While 循环"的"循环条件"   图 7-82 将隧道设置为"未连线时使用默认"
        创建"真常量"

至此，该程序编写完毕，完成的程序框图如图 7-83 所示。本书仅提供了各测量模块的

程序及调用方式,用户可根据自己的需求编写计算、数据分析等其他模块的程序,并对本章
程序进行修改来完成对这些程序的调用。

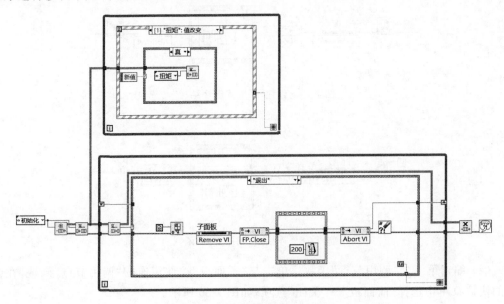

图 7-83　编辑完成的程序框图

第 8 章 滚珠丝杠副综合性能测量与分析实例

本章基于滚珠丝杠副综合性能实验平台，使用已编制的滚珠丝杠副综合性能测量与分析系统，对轴承端、工作台及丝杠的温度、伺服电机的输出扭矩、工作台的振动与实验台的定位精度进行测量与分析。

8.1 测试平台

滚珠丝杠副综合性能实验平台对滚珠丝杠副采用了一端止推一端简支的安装方式，其具体结构如图 8-1 所示，在靠近驱动电机 1 的轴承为角接触轴承 4，由角接触轴承支撑的丝杠 9 的一端与驱动电机以联轴器连接，丝杠的另一端由深沟球轴承 10 支撑。螺母与工作台8 间通过螺栓连接，安装在工作台上的滑块限制了工作台绕丝杠轴旋转的运动，使其只能在导轨 6 上做直线运动。

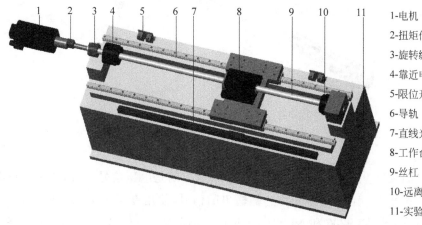

1-电机
2-扭矩传感器
3-旋转编码器
4-靠近电机轴承端
5-限位开关
6-导轨
7-直线光栅尺
8-工作台
9-丝杠
10-远离电机轴承端
11-实验台床身

图 8-1　滚珠丝杠副综合性能实验平台结构图

8.2 测量内容

8.2.1 滚珠丝杠副温度测量

1. 硬件的选择

(1) 传感器的选择。温度测量需测量五个位置,这五个位置分别是工作台、靠近电机轴承端、远离电机轴承端、丝杠前端和丝杠后端。前三个位置选用贴片式温度传感器;而丝杠的前端和后端是处于旋转状态,因此选用红外非接触式传感器。本次温度测量所使用的传感器型号参数如表 8-1 所示。其图片如图 8-2 所示。

表 8-1 测量传感器说明

名称及型号	品 牌	性 能 参 数
红外非接触式温度传感器 OS136-1-V2	OMEGA	• 测量温度 0℃～220℃(0℉～400℉) • 输出电压 0～10V 直流电压 • 接线方式:4—线(红/黑/白/绿) • 工作电源:12～24V
贴片式温度传感器 SA1-RTD-80	OMEGA	• A 级精度(0℃时阻值误差为±0.06Ω) • 测温范围:−73℃～260℃ • 接线方式:3—线(黑/黑/红)

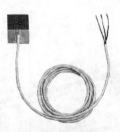

(a) 红外温度传感器　　　　(b) 贴片式温度传感器

图 8-2　红外温度传感器和贴片式温度传感器

(2) 采集卡的选择。红外非接触式温度传感器输出的是电压信号,可以使用采集电压信号的 NI 9205 采集卡;贴片式温度传感器输出的信号,使用专用采集 RTD 输出信号的 NI 9217 采集。采集卡 NI 9205 和 NI 9217 采集信号都需要通过机箱 cDAQ-9174 最终显示在计算机中。采集卡和机箱的型号以及参数如表 8-2 所示,其接口说明如图 8-3 所示。机箱 cDAQ-9174 如图 8-4 所示。

表 8-2　采集卡和机箱说明

名　称	品　牌	性 能 参 数
NI 9205	National Instrument	• 32 路单端或 16 路差分模拟输入 • 16 位分辨率 • 250kS/s 总采样速率 • ±200mV、±1V、±5V 和±10V 可编程输入范围 • 热插拔操作 • 过压保护 • 隔离 • 可溯源至 NIST 的校准 • 工作温度范围：−40℃～70℃ • 弹簧端子或 D-Sub 连接
NI 9217	National Instrument	• 可溯源至 NIST 的校准，适合精确测量 • 采样率高达 400S/s • 24 位分辨率 • 50/60Hz 去噪 • 4 个 100Ω RTD 模拟输入 • 3 线和 4 线 RTD • 内置激励和自动探测
机箱 cDAQ-9174	National Instrument	• 4 个机箱内置通用 32 位计数器/定时器 • 最多同时运行 7 个硬件定时模拟 I/O、数字 I/O 或计数器/定时器操作

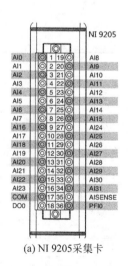

(a) NI 9205采集卡

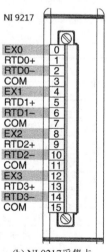

(b) NI 9217采集卡

图 8-3　NI 9205 和 NI 9217 采集卡的接线口

图 8-4　机箱 cDAQ-9174

2．温度测量的操作步骤

1）硬件的连接

红外温度传感器有四根连接线，分别为红、黑、绿和白。红外传感器需要另外供电，所以红线和黑线用来连接 24V 直流电压，红线连接电压正极，黑线连接电压负极；白线和绿线用来连接输出电压信号，白线连接采集卡的正极，绿线连接采集卡的负极。

贴片式温度传感器有三根线，分别为一根红线和两根黑线。此传感器无须外部供电，直接连接对应的采集卡，红线连接正极，两根黑线连接通道的负极和地。

具体的接线方式如图 8-5 所示。其中的白线用黑线代替，对照序号连接。

2）数据的采集

(1) 运行程序"滚珠丝杠进给系统温度测量模块"，如图 8-6 所示，并根据硬件连接的采集卡端口设置程序界面"通道设置"的端口，"RTD 传感器参数设置"和"红外传感器参数设置"可根据说明书和产品参数。具体设置可参照表 8-3。

表 8-3　参数设置

传感器/通道	参数类型/通道名称	具 体 参 数	备　注
RTD 传感器	最低温度	0℃	
	最高温度	100℃	
	电流激励源	内部	来自说明书
	电流激励值	0.001V	来自说明书
	0℃时电阻值	100Ω	
	RTD 类型	Pt3750	
	RTD 采样率	1000Hz	
	单位	Deg C	
	RTD 每通道采样数	100	
红外传感器	红外每通道采样数	100	
	接线端设置	差分	来自说明书
	红外采样率	1000Hz	

传感器/通道	参数类型/通道名称	具 体 参 数	备　注
通道设置	靠近电机轴承端	NI 9217/ai0	与实际连线口对应即可（可在连接设备后打开 NI MAX 软件查看具体所连接设备的名称）
	远离电机轴承端	NI 9217/ai1	
	工作台	NI 9217/ai2	
	丝杠后端	NI 9205/ai0	
	丝杠前端	NI 9205/ai1	

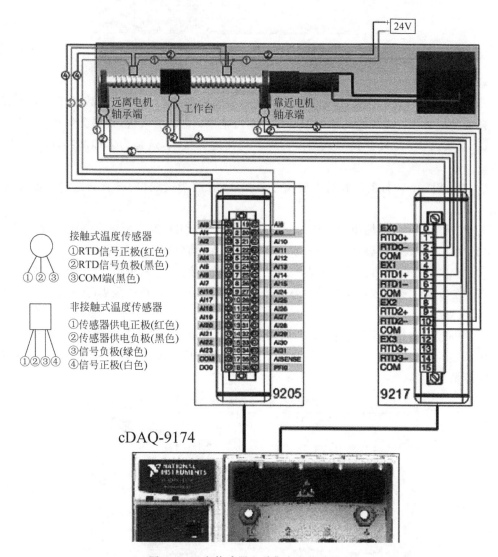

图 8-5　温度传感器和采集卡实物接线图

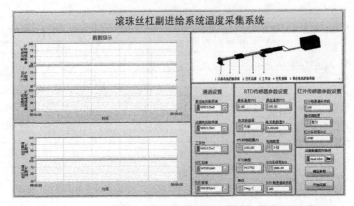

图 8-6 测量模块程序运行图

(2) 参数设置说明。

① 每通道采样数与采样率的设置：一般情况下采样率设置为采样数的 10 倍(2 倍以上)，防止丢失数据。采样数的设置不能超过精度范围；也不能太快，否则会失真。

② 接线设置：红外非接触式温度传感器使用差分接线，这是为了抑制共模电压，排除干扰。

③ 通道设置：丝杠前端和后端使用差分接线，有两个接线口，设置通道时只需设置一个信号口。

④ 红外温度传感器输出的电压与实际温度的关系：实际温度＝输出电压×22－18。

(3) 在"采集数据保存路径"一栏设置采集数据保存路径，文件名为 test。

(4) 参数设置好之后且确认无误，单击"确认参数"按钮，然后单击"开始采集"按钮。

(5) 在数据显示区域可实时观测温度数据，采集完成单击"暂停采集"按钮。

3) 采集结果

采集的数据曲线与采集过程同步，曲线如图 8-7 所示。远离电机轴承端、工作台和靠近电机轴承端的温度接近室温 26.5℃左右，而丝杠前端和后端温度高于室温，为 32.0℃左右，符合实际情况。

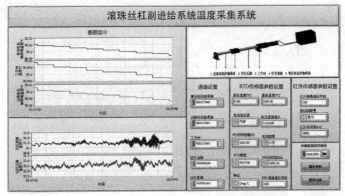

图 8-7 温度测量模块实时数据图

8.2.2 滚珠丝杠副输入扭矩测量

1. 硬件的选择

（1）传感器的选择。扭矩测量采用扭矩传感器，其具体参数如表 8-4 所示，其输出信号为电压，所以选择采集卡 NI 9205。其接口说明如图 8-8 所示。

表 8-4 采集传感器说明

名称及型号	品 牌	性 能 参 数
扭矩传感器 TRS600	FUTEK	• 额定输出 ±5V • 安全负载——额定输出的 150% • 零点平衡——额定输出的 ±1% • 激励源 11～26V 直流 1W 功率 • 测量扭矩量程 ±50N·m

图 8-8 扭矩传感器

（2）采集卡的选择。由于扭矩传感器输出信号为电压，所以同样采用采集卡 NI 9205。具体参数如表 8-5 所示。

表 8-5 采集卡说明

名 称	品 牌	性 能 参 数
NI 9205	National Instrument	• 32 路单端或 16 路差分模拟输入 • 16 位分辨率 • 250kS/s 总采样速率 • ±200mV、±1V、±5V 和 ±10V 可编程输入范围 • 热插拔操作 • 过压保护 • 隔离 • 可溯源至 NIST 的校准 • 工作温度范围：−40℃～70℃ • 弹簧端子或 D-Sub 连接

2．测量过程

1）硬件的连接

扭矩传感器有四根线，红线和黑线对应接在 $11\sim26V$ 直流电压的正极和负极；绿线和白线采用差分接线法接在采集通道的正极和负极。具体接线方式如图 8-9 所示。

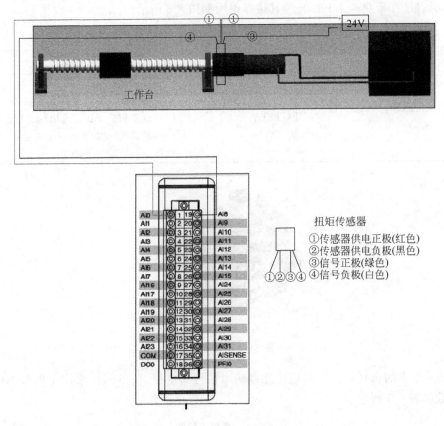

图 8-9　扭矩传感器和采集卡实物接线图

2）数据的采集

（1）运行程序"扭矩采集"，如图 8-10 所示，并根据硬件连接方式设置"通道参数设置""定时参数设置"和"扭矩传感器参数设置"栏。具体参数设置可参见表 8-6。

表 8-6　参数设置

参 数 类 型	参 数 名 称	具 体 参 数
通道参数	物理通道	NI 9205/ai0
	接线端设置	默认
	最大电压	5 V
	最小电压	−5 V

续表

参 数 类 型	参 数 名 称	具 体 参 数
定时参数	采样时钟源	OnboardClock
	采样率	1000
	实际采样率	1000
	每通道采样数	100
扭矩传感器参数	比例参数	10

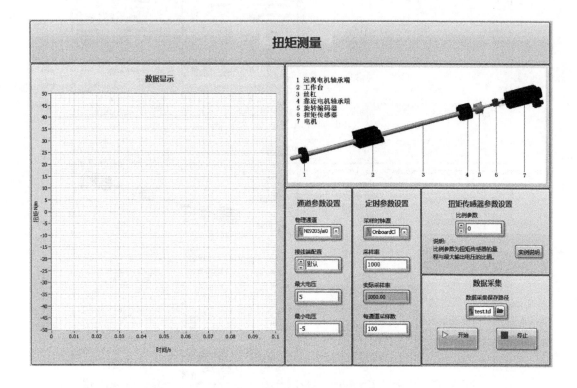

图 8-10 "扭矩采集"程序运行图

（2）在"数据采集保存路径"一栏设置采集数据保存路径，文件名为 test。

（3）单击"开始"按钮，进行测量。

（4）在数据显示区域实时读取扭矩值，采集完成单击"停止"按钮。

3）采集结果

滚珠丝杠工作台空载运行时的实时扭矩如图 8-11 所示。图 8-11(a)中显示正方向的扭矩值为 3N·m 左右，图 8-11(b)中显示反方向的扭矩值为－3N·m 左右。

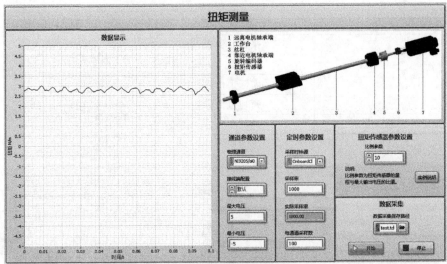

(a) 正方向扭矩测量实时数据

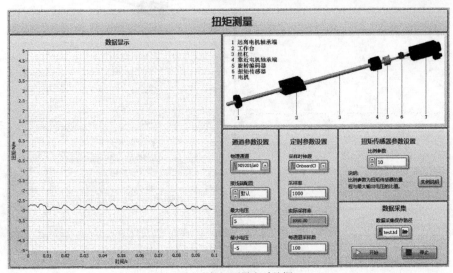

(a) 反方向扭矩测量实时数据

图 8-11 扭矩测量实时数据

8.2.3 滚珠丝杠副振动测量

1. 硬件的选择

（1）传感器的选择。振动所使用的传感器是单轴加速计，其具体参数如表 8-7 所示。单轴加速计采用的是 IEPE 传感器，其图片如图 8-12 所示。

表 8-7 采集传感器说明

名称及型号	品　牌	性 能 参 数
单轴加速计 352C33 SN LW200388	PCB PIEZOTRONICS	• 灵敏度：（±10%）100mV/g（10.2mV/(m/s²)） • 测量范围：±50g pk（±490m/s² pk） • 带宽分辨率：0.00015g rms（0.0015m/srms） • 频率范围：（±5%）0.5～10 000Hz • 传感元件：陶瓷

（2）采集卡的选择。采集卡使用专用于采集 IEPE 传感器输出信号的采集卡 NI 9234，该采集卡的接口说明如图 8-13 所示，具体参数如表 8-8 所示。

表 8-8 采集卡说明

名　称	品　牌	性 能 参 数
NI 9234	National Instrument	• BNC 连接 • 可通过软件选择的 IEPE 信号调理（0 mA 或 2 mA） • 兼容智能 TEDS 感应器 • 抗混叠滤波器 • 4 通道、51.2kS/s/ch、±5VC 系列声音和振动输入模块

图 8-12　单轴加速计

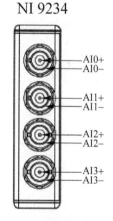

图 8-13　NI 9234 接线口说明

2．测量过程

1）硬件的连接

三个单轴加速计的测量端通过石蜡分别连接至靠近电机轴承端、工作台和远离电机轴承端，三个接线端连接至 NI 9234 的三个输入通道。具体的接线方式如图 8-14 所示。

2）数据的采集

（1）运行程序"振动测量模块"，如图 8-15 所示，并根据硬件连接方式设置"通道设置""参数设置"和"定时设置"栏。具体参数设置可参见表 8-9。

表 8-9　参数设置

参 数 类 型	参 数 名 称	具 体 参 数	备　　注
通道设置	远离电机的轴承传感器通道	NI 9234/ai0	详见 NI MAX 软件
	工作台的传感器通道	NI 9234/ai2	
	靠近电机的轴承端传感器通道	NI 9234/ai1	
参数设置	IEPE 激励源	内部	来自说明书
	IEPE 电流值[A]	0.002	来自说明书
	最大加速度	50g	
	最小加速度	−50g	
	灵敏度	100	
	灵敏度单位	mV/g	
	加速度单位	g	
定时设置	采样时钟源	OnboardClock	
	每个循环采样数	100	
	采样率	1000Hz	

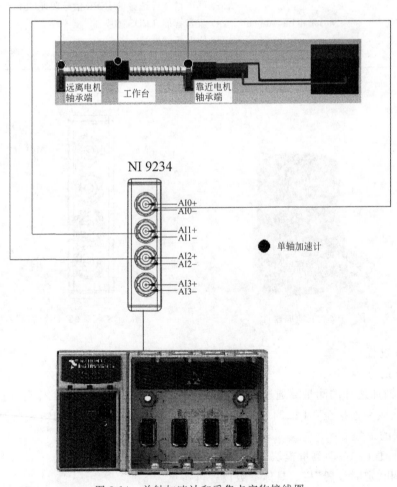

图 8-14　单轴加速计和采集卡实物接线图

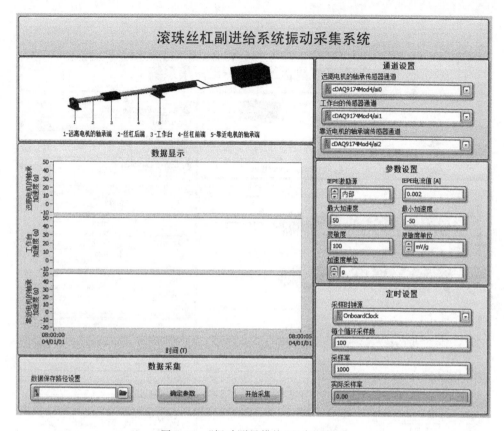

图 8-15　"振动测量模块"程序运行图

（2）参数设置说明，参数设置时参考表 8-9。

（3）单击"确定参数"按钮，再单击"开始采集"按钮进行测量。

（4）在"数据保存路径设置"一栏设置采集数据保存路径，文件名为 test。

3. 测量结果

滚珠丝杠工作台空负载运行情况下，靠近电机轴承端、工作台和远离电机轴承端三部分的振动情况如图 8-16 所示。

图 8-16 中显示远离电机轴承端的振动值为 0.015g 左右，工作台的振动值为 0.010g 左右，而靠近电机轴承端的振动值为 0.030g 左右。图中直线部分代表的是工作台往返之间停滞时各部分的振动值，均为 0g。

8.2.4　滚珠丝杠副定位精度测量

1. 硬件的选择

（1）传感器的选择。定位精度所采用的传感器为直尺光栅尺和旋转编码器，这里使用两个传感器是为了作对比，测量结果选择精度好的。其具体参数如表 8-10 所示，传感器图

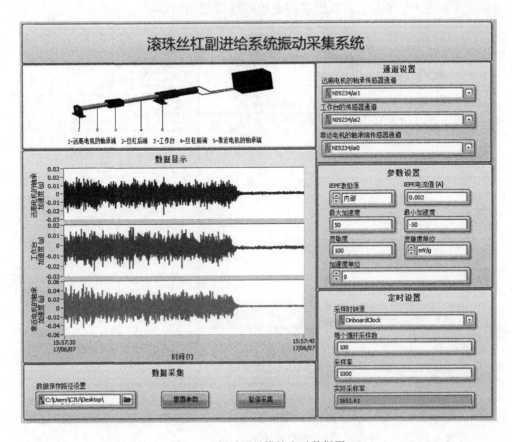

图 8-16　振动测量模块实时数据图

片如图 8-17 和图 8-18 所示。

表 8-10　采集传感器说明

名称及型号	品　牌	性 能 参 数
直线光栅尺及细分盒 LS 187	HEIDENHAIN	• 精度等级±3μm • 测量长度 1540 • 增量信号 1Vpp • 栅距 20μm
旋转编码器及细分盒 ERN 180	HEIDENHAIN	• 孔径 20mm • 线数 5000 • 系统精度-栅距的 1/20

（2）采集卡的选择。由于直线光栅尺和旋转编码器的输出信号为脉冲,故选择采集卡
NI 9411,其型号参数如表 8-11 所示,接口说明如图 8-19 所示。

图 8-17　直线光栅尺

图 8-18　旋转编码器

表 8-11　采集卡说明

名　称	品　牌	性 能 参 数
NI 9411	National Instrument	• DSUB 连接 • CompactDAQ 计数器兼容性 • 60 VDC，CAT I，通道对地隔离 • ±5V～24V、6 个差分/单分通道、500nsC 系列数字模块

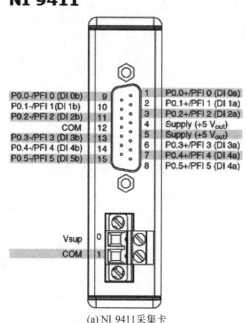

(a) NI 9411采集卡

计数器/定时信号	默认的引脚编号	信号名称
CTR 0 SRC	1	PFI 0
CTR 0 GATE	2	PFI 1
CTR 0 AUX	3	PFI 2
CTR 0 A	1	PFI 0
CTR 0 Z	2	PFI 1
CTR 0 B	3	PFI 2
CTR 1 SRC	6	PFI 3
CTR 1 GATE	7	PFI 4
CTR 1 AUX	8	PFI 5
CTR 1 A	6	PFI 3
CTR 1 Z	7	PFI 4
CTR 1 B	8	PFI 5
CTR 2 SRC	3	PFI 2
CTR 2 GATE	1	PFI 0
CTR 2 AUX	2	PFI 1
CTR 2 A	3	PFI 2
CTR 2 Z	1	PFI 0
CTR 2 B	2	PFI 1
CTR 3 SRC	8	PFI 5
CTR 3 GATE	3	PFI 3
CTR 3 AUX	7	PFI 4
CTR 3 A	8	PFI 5
CTR 3 Z	3	PFI 3
CTR 3 B	7	PFI 4

(b) 默认的NI-DAQmx计数器端子

图 8-19　NI 9411 接线口说明

2．采集过程

1）硬件的连接

直线光栅尺和旋转编码器分别有 8 根线，颜色分别为蓝、灰、红、棕、绿、黑、粉和白。直线光栅尺的 8 根线对应 NI 9411 的接口号为 1～4 和 9～12，旋转编码器 8 根线头对应 NI 9411 的接口号为 5～8 和 12～15，两者共用接地接口 12。具体的接线方式如图 8-20 所示。

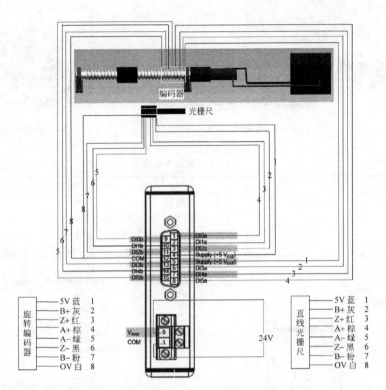

图 8-20　定位精度传感器和采集卡实物接线图

2）数据的采集

（1）运行程序"滚珠丝杠副进给系统定位精度测量模块"，并根据硬件连接方式设置"直线光栅尺参数设置"与"旋转编码器参数设置"栏。具体参数设置可参见表 8-12。

表 8-12　定位精度传感器参数设置

传感器类型	参数类型	具体参数
直线光栅尺	计数器	NI 9411/ctr0
	A 输入接线端	NI 9411/PFI0
	B 输入接线端	NI 9411/PFI2
	Z 输入接线端	NI 9411/PFI1
	初始位置	0
	脉冲间隔	2E-5
	启用 Z 索引	不启用
旋转编码器	计数器	NI 9411/ctr1
	A 输入接线端	NI 9411/PFI3
	B 输入接线端	NI 9411/PFI5
	Z 输入接线端	NI 9411/PFI4
	初始角	0
	脉冲每转	5000
	启用 Z 索引	不启用

（2）在"数据保存路径设置"一栏设置采集数据保存路径，文件名为 test。

（3）单击"开始"按钮，进行测量。

（4）移动试验台并记录数据。

① 将工作台利用 MR 程序移动至 100mm 处，此时显示控件"误差值/μm"显示对应的误差值，如图 8-21 所示。

② 图中的数据是分析需要的，因此单击"保存显示的误差值"按钮将 100mm 处的误差值保存，如图 8-22 所示。与此同时，"保存次数"显示控件中的值加 1，如图 8-23 所示。

图 8-21　误差值　　　图 8-22　"保存显示的误差值"按钮　　　图 8-23　保存次数

③ 此后分别在 200mm、300mm、400mm 以及 500mm 处保存相应的误差值，从而完成正行程的误差测量。需要注意的是，在 500mm 处保存误差值后，需要将工作台移至 600mm 处，再返回移至 500mm 处进行测量。

④ 在工作台处于 500mm、400mm、300mm、200mm 以及 100mm 时保存对应的误差值，从而完成反行程的误差测量。需要注意的是，在 100mm 处保存误差值后，需要将工作台移至 0mm 处，再返回移至 100mm 处进行测量。

⑤ 步骤①～④完成了一次测量循环，按照同样的操作完成剩余的 4 次测量循环。

（5）显示记录结果并保存记录数据

① 在采集完 50 次数据之后，单击"写入保存路径"按钮，采集的数据即以 Excel 文件格式保存，如图 8-23 所示。数据经整理后如表 8-13 所示。

② 单击"生成曲线"按钮即生成曲线和记录数据，如图 8-24 所示。

③ 单击"停止采集"按钮结束程序运行。

表 8-13　实例测得的数据（误差值/μm）

测量次数及方向	测量位置/mm				
	100	200	300	400	500
1（正）	−40.90166805	−115.3672045	−168.8628851	−191.9528247	−232.8682417
2（反）	−39.86637423	−112.2338252	−167.8275913	−190.9175309	−230.7839051
3（正）	−39.85262531	−114.3181617	−168.8628851	−196.1462459	−232.8682417
4（反）	−39.86637423	−112.2338252	−162.5851273	−189.8684881	−229.7348624
5（正）	−40.90166805	−114.3181617	−168.8628851	−191.9528247	−232.8682417
6（反）	−39.86637423	−112.2338252	−163.6341701	−190.9175309	−230.7839051
7（正）	−40.90166805	−115.3672045	−168.8628851	−191.9528247	−232.8682417
8（反）	−34.62391027	−112.2338252	−162.5851273	−190.9175309	−230.7839051
9（正）	−39.85262531	−114.3181617	−167.8138423	−191.9528247	−231.8191989
10（反）	−35.67295302	−112.2338252	−162.5851273	−190.9175309	−230.7839051

▲	A	B
1	Time*	Untitled
2	0	-40.90166805
3	1	-115.3672045
4	2	-168.8628851
5	3	-191.9528247
6	4	-232.8682417
7	5	-230.7839051
8	6	-190.9175309
9	7	-167.8275913
10	8	-112.2338252
11	9	-39.86637423
12	10	-39.85262531
13	11	-114.3181617
14	12	-168.8628851
15	13	-196.1462459
16	14	-232.8682417
17	15	-229.7348624
18	16	-189.8684881
19	17	-162.5851273
20	18	-112.2338252
21	19	-39.86637423
22	20	-40.90166805
23	21	-114.3181617
24	22	-168.8628851
25	23	-191.9528247
26	24	-232.8682417
27	25	-230.7839051
28	26	-190.9175309
29	27	-163.6341701
30	28	-112.2338252
31	29	-39.86637423
32	30	-40.90166805
33	31	-115.3672045
34	32	-168.8628851
35	33	-191.9528247
36	34	-232.8682417
37	35	-230.7839051
38	36	-190.9175309
39	37	-162.5851273
40	38	-112.2338252
41	39	-34.62391027
42	40	-39.85262531
43	41	-114.3181617
44	42	-167.8138423
45	43	-191.9528247
46	44	-231.8191989
47	45	-230.7839051
48	46	-190.9175309
49	47	-162.5851273
50	48	-112.2338252
51	49	-35.67295302

图 8-24　生成记录数据

3）定位误差数据说明

从零点位置向 600mm 位置处运动的方向为正方向，从 600mm 位置处向零点位置处运动的方向为反方向。一次正反方向的测量为一次测量循环，共 5 次循环，采集 50 次数据，采集的数据曲线如图 8-25 所示。

4）定位误差数据的分析

（1）再次运行测量模块，单击右上角"转换至分析模块"按钮进入分析模块，如图 8-26 所示。

（2）设置数据读取路径。

（3）单击"生成分析数据"按钮，系统将自动进行分析，分析结果如表 8-14 所示，公差带

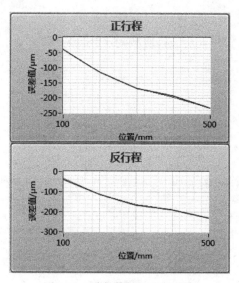

图 8-25　采集数据生成的曲线

如图 8-27 所示。

表 8-14　采集数据的分析结果

正行程定位精度 A/μm	194.264
反行程定位精度 A/μm	198.754
正向重复定位精度 R/μm	7.50142
反向重复定位精度 R/μm	10.4424

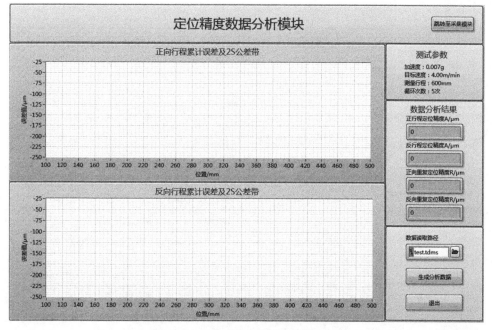

图 8-26　定位精度数据分析模块界面

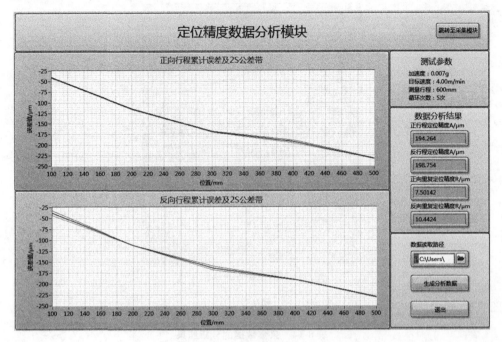

图 8-27　定位精度数据分析结果

图书资源支持

感谢您一直以来对清华版图书的支持和爱护。为了配合本书的使用，本书提供配套的资源，有需求的读者请扫描下方的"清华电子"微信公众号二维码，在图书专区下载，也可以拨打电话或发送电子邮件咨询。

如果您在使用本书的过程中遇到了什么问题，或者有相关图书出版计划，也请您发邮件告诉我们，以便我们更好地为您服务。

我们的联系方式：

地　　址：北京市海淀区双清路学研大厦 A 座 701

邮　　编：100084

电　　话：010－62770175－4608

资源下载：http://www.tup.com.cn

客服邮箱：tupjsj@vip.163.com

QQ：2301891038（请写明您的单位和姓名）

教学交流、课程交流

清华电子

扫一扫，获取最新目录

用微信扫一扫右边的二维码，即可关注清华大学出版社公众号"清华电子"。